KB048545

김대수의 **사랑에 빠진 뇌**

과학하고 앉아있네 06

김대수의 **사랑에 빠진 뇌**

© 원종우·김대수, 2017. Printed in Seoul, Korea.

초판 1쇄 펴낸날	2017년 6월 28일
초판 5쇄 펴낸날	2021년 1월 20일
지은이	원종우·김대수
펴낸이	한성봉
책임편집	하명성
편집	안상준·이동현·조유나·이지경
디자인	전혜진
본문조판	윤수진
마케팅	박신용·오주형·강은혜·박민지
경영지원	국지연·강지선
펴낸곳	도서출판 동아시아
등록	1998년 3월 5일 제301-2008-043호
주소	서울시 중구 퇴계로30길 15-8 [필동1가 26]
페이스북	www.facebook.com/dongasiabooks
전자우편	dongasiabook@naver.com
블로그	blog.naver.com/dongasiabook
인스타그램	www.instagram.com/dongasiabook
전화	02) 757-9724, 5
팩스	02) 757-9726
ISBN	978-89-6262-185-3　04400
	978-89-6262-092-4　(세트)

이 도서의 국립중앙도서관 출판예정도서목록(CIP)은
서지정보유통지원시스템 홈페이지(http://seoji.nl.go.kr)와
국가자료공동목록시스템(http://www.nl.go.kr/kolisnet)에서
이용하실 수 있습니다. (CIP제어번호 : CIP2017014190)

과학하고
앉아있네

파토 원종우의 과학 전문 팟캐스트

06

김대수의
사랑에 빠진 뇌

| 원종우 · 김대수 지음 |

동아시아

사회자
원종우

딴지일보 논설위원이라는 직함도 갖고 있다. 대학에서는 철학을 전공했고 20대에는 록 뮤지션이자 음악평론가였고, 30대에는 딴지일보 기자이자 SBS에서 다큐멘터리를 만들었다. 2012년에는 『조금은 삐딱한 세계사: 유럽편』이라는 역사책, 2014년에는 『태양계 연대기』라는 SF와 『파토의 호모 사이언티피쿠스』라는 과학책을 내기도 한 전방위적인 인물이다. 과학을 무척 좋아했지만 수학을 못해서 과학자가 못 됐다고 하니 과학에 대한 애정은 원래 있었던 듯하다. 40대 중반의 나이임에도 꽁지머리를 해서 멀리서도 쉽게 알아볼 수 있다. 과학 콘텐츠 전문 업체 '과학과 사람들'을 이끌면서 인기 과학 팟캐스트 〈과학하고 앉아있네〉와 더불어 한 달에 한 번 국내 최고의 과학자들과 함께 과학 토크쇼 〈과학같은 소리하네〉 공개방송을 진행한다. 이런 사람이 진행하는 과학 토크쇼는 어떤 것일까.

대담자
김대수

카이스트 생명과학과 교수이며, 동물의 뇌를 연구하는 뇌과학자이다. 노화 억제부터 소유욕 조절에 이르기까지 동물의 뇌와 관련된 흥미롭고도 실질적인 주제를 많이 다룬다. 이런 연구 방향 덕분에 대기업의 미래기술육성사업에 참여하기도 했으며 2017년 봄에는 뇌질환 치료를 위한 신경회로 조절 기술로 3·1문화재단의 자연과학 부문 학술상을 받았다. 매우 정통적인 과학자 같지만 철인 3종 경기에 출전하고, 직접 그린 의미를 알 수 없는 기하학적 그림을 페이스북에 올리며, 강연에서 예상 밖의 이야기들을 늘어놓는 등 괴짜 같은 측면도 다분한 인물이다.

* 본문에서 사회자 **원종우**는 '원', 대담자 **김대수**는 '김'으로 적는다.

차례

동물을 위해
살기로 결심한 소년

원— 오늘 주제는 다들 아시다시피 '사랑에 빠진 뇌의 세레나데'입니다. 교수님은 동물 쪽에 조예가 깊으신 분이기 때문에 사람의 사랑 이야기만은 아니고, 아마 동물 이야기와 함께 사랑 이야기를 하게 될 것 같고요. 카이스트 생명과학과의 김대수 교수님이십니다.

  굉장히 많은 연구 활동을 하고 계시지만, 일단 제가 알기로는 우리나라에서 대학원생으로 《네이처》에 논문이 실린 첫 번째 인물이라고 알고 있는데요. 사실인가요?

김— 아, 제 기억으로는 그렇습니다.

원— 혹시 마지막은 아니신가요? 그 이후에 대학원생들이 《네이처》에 실렸나요?

김— 그럼요. 우리나라 과학이 발전하면서 좋은 논문이 많이 나오고 있습니다.

원— 아까 제가 식사 시간에 들었던 것에 따르면 동물과 관련해서 어릴 때부터 굉장히 독특한 경험을 많이 하셨더라고요. 그 이야기를 잠깐 해주시겠어요?

김— 예. 옛날에 쥐잡기 운동을 많이 했는데요, 사실은 제가 어렸을 때 취미가 쥐잡기였습니다. 제가 여섯 살 때 부모님께서 세를 들어서 살던 건물에 중국집이 있었어요. 그곳에서 제가 우연히 쥐를 잡았어요.

원— 중국집에? 식당에 왔다 갔다 하는 쥐를?

김— 식당에 왔다 갔다 하는 쥐를 잡았는데 식당 주인아주머니가 칭찬을 해주시면서 자장면을 선물로 주시는 거예요. 저한테 자장면은 생일과 같이 특별한 날에만 먹을 수 있는 음식이었거든요. 그래서 처음으로 "쥐를 잡으면서 인생을 설계해야겠다"라고 고백을 하지 않았나 생각합니다. 문제는 제가 건물 밖에서 쥐를 잡기 시작했어요. 그때 제가 살던 동네에 서울시 쓰레기하

《네이처》 《네이처Nature》는 세계에서 가장 오래되고 저명한 과학 저널이다. 네이처 출판 그룹Nature Publishing Group의 주력 출판물로 종합 과학분야를 다루는 주간지이며 1869년 창간되었다. 미국과학진흥협회AAAS에서 발행하는 《사이언스Science》와 함께 과학계에 미치는 영향력이 큰 저널이다. 물리학, 의학, 생물학, 화학, 우주과학 등 과학 전반을 다루며, 매년 1,000편 안팎의 논문을 게재한다.

치장이 있었어요. 거기 가보면 쥐들이 많이 돌아다닙니다. 쥐를 잡아다가 계속 주인아주머니한테 보여드렸는데 별로 안 좋아하시더라고요. 이렇게 어렸을 때 칭찬받은 경험이 평생을 갑니다. 인생을 결정하는 중요한 동기가 된 거죠. 여러분도 현재의 상태를 가만히 생각해보시면 근본적인 동기가 있을 겁니다. 저는 그런 행동의 동기에 관해서 연구를 하고 있습니다. 물론 여전히 쥐도 연구하고요.

원 — 제가 소개글에도 썼지만 교수님은 굉장히 실제적인 연구를, 아마 지금까지 저희가 모셨던 과학자들 중에 가장 실제적인 것들을 많이, 구체적으로 하셨던 것 같아요. 노화를 막을 수 있는 연구도 하셨다고요?

김 — 사실 노화 연구가 제 전공은 아닙니다만, 동물 이야기와 연관이 있습니다. 『동의보감』에 동물 이야기가 매우 많이 나오는데요, 여러분 조선시대 양반들이 최대 관심사 세 가지가 무엇인지 아세요? 첫 번째가 매이고요. 두 번째가 말이에요. 그리고 세 번째는 첩이었어요. 1, 2위가 동물이었던 셈이지요.

원 — 매, 말 그리고 여자.

김 — 그런데 사랑하는 말이 나이가 들면 관절염에 걸려서 쓰러지잖아요. 쓰러지는데, 동의보감에 뭐라고 나와 있냐 하면 분마초라고 있어요. 그게 단삼이라고도 하는 건데 그것을 먹였더니 말이 벌떡 일어난 거예요. 그래서 어떻게 그런 일이 가능할까 연구했는데, 단삼에 있는 어떤 약물 성분을 먹이면 그런 효과가 나타난다는 것을 저희가 실험으로 증명했어요. 우리가 운동을 하면 살이 빠지고 근육이 생기죠. 소식을 해도 살이 빠지고 건강해지잖아요. 연구를 해보니 이 약물은 운동이나 소식의 좋은 효과를 흉내 내는 약이었습니다. 그러니까 이 약을 먹으면 이론상으로는 운동을 안 하고 소식을 안 해도 살이 빠지고 근육이 생기는 약인 거죠.

원- 그건 얼마면 살 수 있습니까?

김- 단삼의 가격은 매우 저렴한 것으로 알고 있습니다.

원- 그럼 그걸로 약도 만들고 건강식품도 만드는 건가요? 그 결과?

김- 건강식품은 사실은 수천 년 동안 우리 조상님들이 대대로 드셨고 최근에 우리나라에서도 단삼을 재배한다고 하시니까요.

원- 예.

김- 그걸 갈아서 드시면 되는데, 희한한 게 동물한테는 효과가 있었는데 사람에게 효과가 있었다는 보고는 없었다는 것이죠.

원- 아악~, 완전 반전.

> **단삼** 단삼丹参은 단삼의 뿌리로 만든 약재이다. 풍병風病을 치료해 하지 무력감을 없애주므로 달리는 말을 쫓아갈 수 있게 한다 하여 분마초奔馬草라는 이름으로 부르기도 했다. 관상동맥 확장, 콜레스테롤 강하, 혈압 강하, 간 기능 활성화, 진정, 항염, 항암, 항균 작용을 한다고 알려졌다.

김― 그 이유를 밝혔어요. 옛날에 약을 어떻게 먹었죠? 물에 달여서 드셨잖아요. 그런데 이것은 물에 안 녹는 성분입니다. 그래서 물에 달여서 물은 사람이 먹고 찌꺼기는 말이 먹어서 말은 효과를 보고 사람은 효과를 못 봤던 거예요.

원― 예.

김― 예. 그래서 저희가 그런 데서 단서를 얻어 알코올로 추출해서 사람도 효과를 보도록 연구하고 있어요. 아마도 곧 상용화가 되겠죠?

원― 그러게요. 기대가 큽니다.

번식과 사랑은 다르다?

원— 뇌과학이라는 관점에서 교수님이 강의하시는 내용이 수록 되어 있는 책이 있습니다. 제목이 이래요.『1.4kg의 우주, 뇌』. 그래서 뇌과학 책이라는 생각이 드는데 한편으로 연구하시는 분야를 보면 꼭 뇌만은 아닌 것 같기도 하고. 그래서 정확하게 무엇을 하시는 분인지?

김— 어떻게 뇌에서 행동을 만들어내는가? 그게 제 연구의 궁극 적인 질문이 되겠습니다. 동물행동을 연구하는 부류에는 두 가 지가 있어요. 저와 같은 신경과학자들은 유전자나 신경회로를 조작해서 행동변화를 봅니다. 주로 생쥐와 같은 실험동물을 대 상으로 연구하죠. 반면 동물을 생태환경에서 그대로 두고 관찰 하며 행동을 연구하는 과학자들도 있습니다.

원— 제인 구달 같은 분이죠?

김— 네. 제인 구달 같으신 분은 더 적극적으로 동물을 이해하

· 침팬지 연구와 동물보호 분야에서 상징적인 인물인 제인 구달 ·

기 위해서는 같이 살아야 한다고 생각하셔서 침팬지의 가족이 되어 같이 사시면서 연구하신 분입니다. 이렇게 동물을 가까이서 보다 보면 동물과 너무 친해져서 이들을 보호해야 한다는 생

제인 구달 제인 구달Dame Jane Goodall은 영국의 동물학자, 환경 운동가로서 탄자니아에서 40년이 넘는 기간을 침팬지와 함께한 세계적인 침팬지 연구가이다. 동물보호와 환경보호를 위해 전 세계를 돌며 강연하고 있으며, 각지의 실험실과 동물원을 방문해 그곳에 수용된 침팬지들의 권익 향상을 위해 노력하고 있다. 동물의 권익 보호에 앞장선 가장 대표적인 인물이다.

각이 들게 됩니다. 따라서 이들에게 뇌를 연구하기 위해서 동물을 희생시키는 것은 상상도 못할 일이지요. 이분들은 뇌를 자세히 보기보다는 동물의 생태나 적응 같은 거시적인 문제를 다루고 있습니다.

원— 줄기세포도 학생 때, 우리나라에서 맨 먼저 연구를 시작하셨다고요.

김— 제가 대학원 들어갔을 때, 1992년도에 제 박사학위 논문 주제가 줄기세포를 통해서 특정한 유전자를 없앤 쥐를 만드는 것이었어요. 줄기세포가 좋은 점이 무엇이냐면 우리가 마음대로 유전자를 조작할 수가 있고 나중에 완전한 개체를 만들 수가 있다는 점입니다. 그러니까 유전자 하나를 없앴을 때, 만약에 코가 안 생긴다면 코를 만드는 데 중요한 유전자겠죠? 그런 형식으로 줄기세포를 연구했고요. 그래서 제가 생쥐 줄기세포 (H3)를 국내에서는 처음으로 만들었죠.

원— 네. 그 연구가 《네이처》 논문과 관련이 있었죠?

김— 네. 결국에는 제가 1992년도에 줄기세포를 만들었고 거기서 유전자를 없애서 1996년, 1997년에 논문을 냈습니다.

원— 네. 저랑 연배가 비슷하신데요. 저는 그때 밴드를 하다가 잘 안 돼서, 지하실에 처박혀서 밥 대신 감자칩을 먹고 있던 때입니다. 아무튼 본론으로 들어가볼까요, 이제?

김— 네. 이게 제가 지금까지 거쳐온 과정인데요, 항상 동물과 연관이 있었어요. 제가 어렸을 때는 쥐를 열심히 잡았고요, 나중에 초등학교 때부터는 저희가 개장사를 좀 했어요. 그때 부암동에 굉장한 부잣집의 외교관 하시는 분한테 요크셔테리어를 분양받아서 팔았습니다. 한 마리에 30만 원씩.

원— 그때 돈으로요?

김— 예. 그때 돈으로. 굉장히 수입이 좋았죠? 요크셔테리어가 그 당시만 해도 얼마나 생소했냐면 이게 개인지 알아보시는 분이 별로 없었어요. '이게 새냐? 원숭이냐?' 하시는 분들도 있었어요. 그래서 상당히 인기가 좋았습니다. 줄을 설 정도로. 그래서 저는 인생이 굉장히 쉬운 줄 알았어요. 왜냐하면 이렇게만 하면 개는 얼마든지 번식시킬 수 있고 그만큼 수입이 늘 거라고 생각했습니다. 그런데 전국적으로 애견 공급이 늘면서 호황은 그리 오래 가지 않았죠. 요즘도 순수하게 반려동물로서 개를 키웁니다. 제가 요즘 미미라는 강아지를 키우는데요, 제가 미미한테 리본도 묶어주고 머리도 해주는 연습을 하고 있어요. 제가 교수를 그만두고 나서는 애견미용을 해볼까 합니다.

원— 다른 분이 그런 말씀을 하시면 농담 같은데 교수님은 진지하신 거 같아요.

김— 예. 애견미용도 경쟁이 심하니 열심히 연습해야 할 듯합니다. 본론으로 들어가 보면요, 오늘 어려운 주제인 사랑에 대해서 강의를 하게 되었어요. 그런데 제가 연애 경험이 많지 않아

요. 고등학교 때 책을 한 권 읽었는데 여러분 아시죠? 에리히
프롬의『소유냐 존재냐』. 제가 그 책을 잘못 해석해서, '아 사랑
은 존재구나. 소유해서는 안 된다. 고로 나는 연애도 하면 안
되겠다'라고 착각을 했습니다. 혹시 연애에 관한 질문이 나오면
원종우 선생님께서 커버를 해주세요.

원— 네.

김— 저는 동물행동 위주로 설명하겠습니다. 칵테일파티 효과
cocktail party effect라는 게 있어요. 일종의 실험이죠. 이렇게 칵테일
파티 같은 모임을 만들고 각각 마음대로 이야기를 합니다. 그런
데 이미 작전이 짜여 있어요. 그래서 한쪽 테이블에는 실험자가
앉아 있고 다른 쪽 테이블에는 그걸 테스트하시는 분들이 이야
기를 많이 해요. 이야기를 했더니 대부분 못 알아들어요. 각자
집중을 해서. 하다못해 옆에서 영국 말을 했다가 이탈리아 말을
해도 못 알아들어요. 그걸 인식을 못합니다. 그런데 딱 두 가지

에리히 프롬   에리히 프롬Erich Seligmann Fromm은 세계적으로 유명한 독일
계 미국인 사회심리학자이면서 정신분석학자, 인문주의 철학자이다. 프
롬 사상의 특징은 프로이트 이후의 정신 분석 이론을 사회 정세 전반에
적용한 것이다. 프롬에 따르면 인간은 생물학적 성장이나 자아실현이
방해될 때 일종의 위기 상태에 빠진다. 프롬은 이런 위기에서 벗어나기
위해 인간의 행복이나 성장을 바라는 인도주의적 윤리를 신봉하는 등,
자아를 실현하는 생활을 해야 한다고 주장한다.

종류의 말이 나올 때 귀가 번쩍 뜨인다는 것을 발견했어요. 무엇이냐 하면, 첫 번째는 자기 이름이 나올 때. 여러분 그런 경험이 있죠? 막 시끄럽다가도 내 이름이 나오면 귀가 번쩍 뜨이잖아요? 두 번째는 성적인 단어가 나올 때. 어느 드라마에서 누가 누구하고 연애를 한다더라, 잤다더라, 뭐 이런 이야기가 나오면 귀가 번쩍 뜨이는 거예요. 이 칵테일파티 효과 실험이 말하는 교훈은, 우리 뇌가 과연 무엇에 관심이 있을까라는 질문에 대해, 내 이름과 관련된 생존 그리고 성과 관련된 번식, 이런 문제에 굉장히 민감하다는 거예요. 혹시 여러분 중에 주제가 너무 성적으로 가지는 않을까라고 걱정하시는 분이 계실지도 모르겠는데, 그렇지 않습니다. 오늘 강의를 통해서 사랑이라는 주제가 꼭 성적인 것만은 아니며 그 이상의 의미가 있다는 것을 말씀드리고 싶습니다.

물속에 사는 뉴마니아 파필레이터Neumania papillator라고 하는 벌레를 아시나요? 얘는 제가 아는 한 가장 낭만적이지 않은 사랑을 하는 동물이에요. 일단 눈이 없어서 앞이 안 보입니다. 수컷이 접근을 해서 앞다리를 암컷 앞에서 흔들어서 물의 파동을 만듭니다. 그럼 암컷이 진동을 느끼고, '아 먹이가 왔구나'라고 생각하겠죠. 그래서 먹이를 사냥하려고 벌떡 일어나요. 일어나면 수컷이 엉덩이 밑에다가 정액을 뿌려놓는데, 암컷은 '어, 어디 갔지. 없네' 그러고 다시 앉아요. 그러면 교미가 끝나는 거예요.

이들은 사랑이라는 감정 없이도 번식을 잘하고 있습니다. 먹이 먹으려고 일어났다가, 잡으려고 일어났다가 앉았는데 임신이 된 거죠. 그러니까 사랑이라는 감정이 번식을 위한 필요조건은 아니라는 겁니다. 또 다른 예는 동물사회에서 강제로 하는 교미가 많이 관찰된다는 것입니다. 사람도 마찬가지입니다. 몽고군이 전 아시아와 유럽을 정복하면서 지나갔는데요, 이 몽고군의 풍습이 지나가면서 강간을 통해 유전자를 퍼뜨리는 것입니다. 그런데 현대에도 몽고군의 Y염색체가 남아 전 세계에 퍼져 있는 거예요. 몽고군 유전자가 성공적으로 퍼져나갔다는 방증입니다. 결국 사랑이라는 로맨틱한 감정 없이도 번식이 가능하다면, 과연 사랑의 생물학적인 기능은 무엇인가라는 질문을 하게 되는 것입니다.

또 오늘 주제가 뇌이니까 더 구체적으로 이야기해보죠. 뇌는 사랑과 같은 감정을 만들어내는 기관인데요, 뇌가 오히려 배우자를 얻어 번식을 하는 데 방해가 될 수도 있습니다. 여러분 그렇지 않습니까? 제가 아까 에리히 프롬 이야기를 했지만 여러분이 사랑하는 사람이 있었겠죠? 짝사랑이든 뭐든 사랑하는 사람이 있었을 거예요. 그런데 접근하기 어려웠죠? 접근하지 않을 많은 이유도 있었고. 그런 번민을 하는 것이 무엇이냐 하면 바로 뇌입니다. 여러분 뇌가 접근하지 못하게 만드는 거예요. 유사한 예가 곤충에서 발견됩니다. 이게 암컷 사마귀이고 이게

· 짝짓기를 위해 목숨을 바치는 수컷 사마귀의 모습 ·

수컷 사마귀인데 뭐가 좀 이상하죠?

원 ─ 머리가 없는 건가요?

김 ─ 예. 머리가 없습니다. 암컷 사마귀는 굉장히 덩치도 크고 사나워요. 그래서 수컷 사마귀가 암컷 사마귀한테 접근하기를 매우 두려워합니다. 접근을 하는데 피하고, 피하고 하는 거죠. 그래서 우여곡절 끝에 등에 올라타더라도 정상적인 교배가 안 일어나요. 왜냐하면 계속 도망가려고 하니까. 그 순간에 암컷 사마귀가 머리를 돌려서 수컷 사마귀의 머리를 먹습니다. 그러 면 뇌가 없어지죠. 그럼 그다음부터는 정상적으로 교미가 시작 되는 거죠.

원─ 수컷은 뇌가 없는 상태에서.

김─ 그렇죠. 접근하는 걸 억제하는 역할을 뇌가 하는 겁니다. 여기 혹시 사랑의 고백을 술 먹고 하신 분 계세요? 그 술이 우리의 뇌에서 이런 명령을 내리는, 다가가지 말라는 명령을 내리는 <u>전두엽</u>을 억제하는 효과가 있어요. 그래서 술을 먹으면 뇌가 잡아먹히는 것과 똑같은 효과가 있습니다. 뇌가 마비돼서 사랑을 고백하는 거죠.

원─ 그러면 교미를 하고 수컷은 죽게 되겠죠?

김─ 그렇죠. 교미가 끝나면 나머지도 전부 다 식사가 되는 거죠. 그런데 이 말단신경이 남아 있기 때문에 이렇게 할 수 있고요. 여러분 실제로 사마귀를 잡아서 머리를 잘라보시면 약 1시간 동안은 살아서 돌아다닙니다. 곤충 혈관계의 독특한 특성 때문에 이런 게 가능합니다. 아, 안 해보셨나요? 물론 사마귀 머리하고 사랑이 무슨 관계냐고 질문하실 수도 있어요. 과학자들은 언제나 복잡한 설명을 엄청 싫어해요. 그래서 사랑과 같은 복잡한 감정도 연관성이 있는 단순한 현상, 즉, 교미나 번식과 연결시켜 연구하는 경우가 많습니다. 물론 현상으로서의 사랑

전두엽 전두엽frontal lobe은 대뇌반구의 전방에 있는 부분으로 기억력, 사고력 등 고등행동을 관장하며 다른 연합 영역에서 들어오는 정보를 조정하고 행동을 조절한다. 또한 추리, 계획, 운동, 감정, 문제해결에 관여한다. 두정엽, 측두엽, 후두엽과 함께 대뇌피질을 구성한다.

의 존재를 부정하는 것은 아니에요. 사랑은 우리가 느끼는 그대로 존재합니다. 굉장히 아름답고 화려하고, 정말 어떻게 표현할 수 없는 현상이죠. 다만 현대과학에서 뇌가 어떻게, 왜 사랑을 만들어내고 있는지 분명하게 알지 못할 따름입니다.

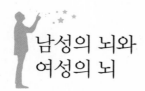

남성의 뇌와
여성의 뇌

김— 뇌가 말하는 사랑이라는 게 거대한 주제고 원대한 주제고 정말 떨리는 주제입니다. 그래서 제가 아는 만큼 말씀을 드리고 모르는 부분은 함께 토론하는 시간이 되면 좋겠어요. 사랑에 대한 체계적인 연구자로서 럿거스 대학Rutgers University의 헬렌 피셔 Helen Fisher 박사님을 소개합니다. 헬렌 피셔 박사님의 말씀에 따르면 사랑은 세 가지 단계로 구성됩니다. 첫 번째는 욕정의 단계입니다. 우리가 배우자를 원하는 갈망과 에너지가 있다는 거예요. 두 번째는 대상이 앞에 나타났을 때 느끼는 끌림의 단계입니다. 세 번째는 관계가 형성되었을 때 이를 연결하는 애착의 단계입니다.

우선 욕정의 단계를 설명해볼게요. 카이스트 교수님 중에 이런 고백을 하시는 분도 계세요. 자기가 놀라운 경험을 했다. 결혼식 날, 자기가 신랑 입장 순서에 입장을 하는 데서도 보니까 자기가 주변 여성 하객 분들을 '스캐닝'하고 있더라는 거예요. 혹시나 더 예쁜 분이 계실까? 그래서 내가 이리도 부도덕한 인간이었나 고민을 하셨다는 일화입니다. 그러나 신경과학적으로는 가능한 현상입니다. 남자의 뇌가 항상 배우자를 찾고 있기 때문이지요. 저도 에피소드가 하나 있습니다. 제가 1998년도에 영어가 전혀 준비되지 않은 상태에서 뉴욕주립대학 의대에 박사후 연구원으로 나간 적이 있습니다. 미국 사람들 보면 항상 상냥하게 웃잖아요. 어느 날 어떤 가게였나 봐요. 제가 과자나 이런 것을 좀 사고 있는데 저쪽에서 점원 아가씨가 저를 보고 웃고 있는 거예요. 자꾸만. 그런데 저는 몰랐죠. 항상 친절하게 웃는 게 문화인 줄은. 우리나라 사람으로서는 이해하기 힘든 순간이었어요. 그 순간 뇌가 착각하기 시작한 거죠. 이게 어떻게 된 거지? 여기서도 내가 인기가 있나? 뭐, 이렇게?

원 ─ 네. 저도 그랬어요.

김 ─ 착각을 하게 된 거죠. 그래서 제가 '착각이겠지?' 이렇게 생각했는데 이분이 첫 번째 멘트를 날리시는 거예요. "Hi, sweet heart." 그렇게. 'sweet heart.' 오, 저보고 '달콤한 심장'이라고 이야기를 하시는 거예요. 무슨 뜻인지 모르겠는데 어떤 의미가 있었던 거 같았어요. 그래서 제가 뭐라고 대답을 했냐면, "Okay, I'm very sweet." "맞아. 나는 굉장히 달아." 이렇게 이야기를 한 거죠. 뭔가 잘되어가는 것 같았어요. 그리고 제 심장이 뛰기 시작했겠죠. 이 동네는 굉장히 자유로운가 보다. 서로 이렇게 막 이야기를 하나 보다. 이렇게 생각한 거예요. 그런데 그 순간에 결정적으로 제가 충격적인 말을 들었어요. 뭐냐 하면, "How many penis do you have?" 이렇게 물어보는 거예요. "너 거시기가 몇 개냐?" 그래서 그 순간에 제가, '얘가 나를 가지고 장난을 하는구나. 내가 외국 사람이고 하니까 얘가 장난을 하는구나' 그렇게 생각을 한 거예요. '안 되겠다. 여기서 침착해야지.' 그리고 "I have ten" 이렇게 이야기했어요. 그렇게 넘어가려고 하는데, 이 사람이 갑자기 제 손목을 잡아끄는 거예요. 그러면서 제 손에 있던 1센트짜리를 세어서 가는 거예요. 여러분, 페니penny가 1센트잖아요? 페니의 복수가 '페니스'잖아요? 그러니까 "너 1센트짜리 몇 개 있니?" 이렇게 물어본 거예요. 왜냐하면 미국에서는 이렇게 세금을 센트 단위로 세서 주니까 점원들은 항상 1센트가 모자라거든요. 그래서 그렇게 질문한 것을 제가 혼자서 이상한 상상을 하고 착각을 한 거죠. 이게 남자 뇌의 문제입니다.

원— 보통 사람은 10개라고 대답은 안 할 거 같아요.

김— 예. 그래서 제가 손가락 하나로 이렇게 한 개라고 이야기를 할까 하다가 좀 유머러스하게 상황을 넘기려고, 극복해보려고 "ten"이라고 이야기를 했는데 잘했는지 모르겠어요. 그런데 사람뿐만 아니라 수컷들이 대개 착각을 많이 합니다. 이 사진에 있는 등에는 사람 손가락을 보고 교미를 시도하고 있어요. 암컷과 비슷한 자궁만 있으면 달려드는 수컷의 안타까운 모습이고요. 이것은 이그노벨상이라는 상을 받은 발견이에요. 사진 아래에 있는 것은 호주에 사는 비단벌레인데 이 벌레가 전체적으로 오렌지색이잖아요. 암컷도 오렌지색이겠죠? 그런데 맥주병이랑도 교미를 하고 도로표지판하고도 교미를 하는, 그런 풍뎅이 종류가 되겠습니다. 그래서 이걸 발견해서 그 노벨상을 받죠. 그냥 정상적인 노벨상이 아니라 이그노벨상이라고 해서 별로 중요하지 않은데 재미있는 발견을 하신 분들한테 주는 노벨상이 있어요. 이그노벨은 영어로 'Ig Nobel', 무시해도 될 만한 노벨상이라는 뜻이에요. 이렇게 수컷은 무언가 단서만 있으면 에너지를 분출하려는 준비가 되어 있는 거죠.

그래서 '이런 일들이 왜 일어나느냐?'라는 연구로 1974년에 노벨상을 받게 됩니다. 굉장히 유명한 분이죠? 니콜라스 틴베르헌Nikolaas Tinbergen, 콘라트 로렌츠Konrad Lorenz, 카를 폰 프리슈Karl von Frisch, 이 세 분이 동물에서의 어떤 고정행동패턴이라는 것을 발견을 해서 노벨상을 받으십니다. 이게 무엇이냐면 우리 행동이라는 게 깊은 생각에서 나올 수도 있지만, 어떤 자극에 의해서 바로 나오는 행동들도 있다는 겁니다. 예를 들면 복어는 움직이는 파리 동영상만 보여주어도 혀를 날름거리는 사

• 엉뚱한 대상과 짝짓기를 시도하는 등에(위)와 비단벌레(아래) •

냥행동을 보이는데요, 이렇게 자극에 반응해서 나오는 행동을 고정행동패턴이라고 합니다. 틴베르헌은 고정행동패턴이 한번 시작되면 마칠 때까지 계속되는 연속적인 행동프로그램이라는 것을 발견했어요. 거위는 둥지에서 떨어져 나온 자신의 알을 가져다 모으는 행동을 합니다. 이게 꼭 알이 아니라 모양이 비슷한 공을 갖다 놓아도 공을 머리로 당겨 둥지로 모으는 행동이 나타납니다. 시각자극이 중요하다는 증거이지요. 그런데 중간에 알을 뺏어도 이 행동이 계속 나타나요. 스위치만 누르면 특정한 행동패턴이 나오는 것을 알게 된 것이죠. 남자들의 뇌에도 여성이라는 자극에 반응하는 고정행동패턴이 있어요. 주변에 여성이 지나가면 자기도 모르게 반응하다가, 때로는 사고도 나게 됩니다.

원 — 여자 보다가 차 사고가 난 거군요.

김 — 생명에 위험이 있을 정도로 큰 사고가 난 거죠. 남성들이 굉장히 불순한 생각을 갖고 있어서 그런 게 아니라 부모님이 물려준 뇌 회로가 이렇게 생겼어요. 그래서 아름다운 여성이 지나가면 자동적으로 쳐다보게끔 만들어져 있는 거죠. 그런데 이게 최고 지도자들도 마찬가지라고 해요. 그래서 세계를 좌지우지하시는 분들도 자연스럽게 눈이 돌아가는, 그런 고정행동패턴을 보이고 있습니다. 이 고정행동패턴 때문에 큰 손해를 보시는 분들이 있는데요, 동물사회에서도 그런 안타까운 동물들이 많아요. 이게 반딧불이잖아요. 반딧불은 이렇게 불빛을 보고 찾아옵니다. 서로 암컷, 수컷이 있는 장소로. 이것은 또 다른 반딧불이인데요. 되게 크죠? 불빛으로 유인해서 수컷을 잡아먹는 거예요. 팜므파탈이죠.

원 — 같은 종인가요?

김 — 이게 같은 반딧불인데 서로 종자가 다릅니다. 큰 것이 개똥벌레Photuris고 작은 것이 포티누스Photinus입니다.

원 — 종자가 달라서 교미를 하지 않고 잡아먹는 거군요.

김 — 그렇죠. 또 흥미로운 여론조사 결과가 있어요. 선호하는

• 유혹에 넘어간 반딧불이의 최후 •

배우자의 연령대에 관한 것입니다. 20대 남성들은 주로 10대 말에서 20대 초반 여성을 좋아하고, 30대 남성은 주로 20대 초반 여성을 좋아한다고 하죠. 그리고 40대 남성도 20대 초반 여성을 좋아하고, 50대 남성도 20대 초반 여성을 좋아합니다. 예를 들어 대표적인 고전인 〈로미오와 줄리엣〉에서도 둘이 만났을 때가 16살입니다. 굉장히 어리죠. 성춘향도 17살. 이것은 한국 나이일 테니까 아무튼 둘 나이가 같았겠죠. 대체로 임신 가능성이 높은 연령대를 선호한다고 볼 수 있겠습니다. 반면에 여성들은 자기보다 연령대가 높은 남성을 배우자로 선호하고요. 남자와 여자의 뇌가 다르다는 중요한 증거라고 할 수 있겠네요. 남녀 차이를 보여주는 또 다른 여론조사도 있습니다. 처음 만남 이후 언제부터 상대를 성적인 대상으로 생각하기 시작하는지 그 시간을 측정해봤더니, 남성들은 평균 만난 지 1시간 뒤부터는 같이 사랑을 할 수도 있겠다고 생각한다고 해요. 상대적으로 여성은 적어도 일주일에서 한 달 이상의 시간이 걸리죠.

결론적으로 성적인 에너지를 만들어내는 남성호르몬 테스토스테론이 남자의 뇌와 행동을 만드는 것인데요, 문제가 있습니다. 남성호르몬 때문에 스트레스가 많았을 조선시대 임금님의 평균 수명이 47살, 그리고 그런 것과는 완전히 먼 생활을 했던 환관들의 평균 수명이 70살이었다고 해요. 남성호르몬이 면역력을 약화시킨다는 사실과 연관이 있습니다. 그래서 남성호르몬이 높은 동물들도 수명이 짧습니다. 그런데 이 남성호르몬이 남성에게만 있는 게 아니라 여성에게도 있죠. 여성분들은 주로 언제 이 호르몬이 많이 나오느냐 하면, 질투를 할 때라든지 일부다처제 집안에서 남성호르몬이 많이 나오고 면역력이 약화되고 수명이 단축되는 일이 많다고 합니다. 우리 생존에 도움이 안 됨에도 이런 강렬한 에너지가 있다는 거죠.

원 — 왜 그럴까요? 생존에 도움이 안 되는데 강렬한 에너지가 나오는 것은.

김― 결국에는 우리에게 생존만큼이나 번식이 중요하고 빠른 시간 내에 자손을 남기는 게 중요하니까 그렇다는 생물학적인 해석이 나올 수가 있겠죠.

원― 네.

김― 그러면 이제 여성의 뇌를 잠깐 살펴볼까요? 남성의 뇌가 자극에 민감하다면 여성의 뇌는 계산이 빠르죠. 이해를 돕기 위해 동화 이야기를 해볼 게요. 동서고금을 막론하고 동화는 설화를 바탕으로 해서 그 민족을 나타내는데, 공통적으로 나타나는 키워드가 뭐죠? 왕자님. 그렇죠? 결국에는 왕자님이죠. 일단 왕자님 하면 집이 있어야 되고 재물도 많아야 되는데 그런 것들이 굉장히 중요합니다. 간단하게 볼까요? 〈잠자는 숲속의 공주〉에서는 말이 안 되는 행동이 나오죠? 자고 있는데 허락도 안 받고 키스를 하는.

원― 성추행이잖아요?

김― 성추행이죠. 원문에 보면 키스만 한 게 아닙니다.

원― 정말요?

김― 임신까지 하게 되죠.

원― 성폭행이잖아요. 그건?

김― 성폭행임에도 왕자니까 용서된 것일까요? 원작자의 의도는 모르겠고요, 현대 동화에는 이렇게 부적절한 부분은 삭제되어 있습니다. 〈신데렐라〉 경우에도 모든 여성이 왕자와 결혼을 하려고 경쟁하는데요, 이 왕자는 춤추면서 분명히 신데렐라를 보았는데 기억을 못 해서 구두를 가지고 신데렐라를 찾아 나섭니다. 굉장히 머리가 나쁜 왕자였던 셈이지요. 그래도 왕자니까 좋은 배우자로 선호되는 것입니다. 〈인어공주〉 같은 경우에도 인어공주가 왕자를 만나기 위해 지느러미를 성형해서 사람이 되었는데요, 결국에는 왕자가 인어공주를 못 알아봐서 슬픈 스토리로 끝나게 되죠. 〈미녀와 야수〉에서도 야수가 결국에는 왕자니까 다 용서가 되는 거거든요.

원 - 그 사람도 왕자였나요? 원래?

김 - 그렇죠.

원 - 아~

김 - 나중에 '핸섬 가이'로 바뀌죠.

원 - 예.

김 - 그리고 저도 좀 화가 나는 경우인데요, 〈개구리 왕자〉에서는 양서류임에도 왕자이기에 배우자로 선택됩니다. 얼떨결에 개구리한테 키스를 했더니 마법이 풀려 왕자로 거듭난 것이지요. 일곱 난쟁이는 더 슬픕니다. 일곱 명이나 되는데 결국에는 백설공주가 왕자 한 명을 선택해서 떠나갑니다. 밥도 해주고 보호해주고 모든 노력을 다 해주었는데…

원 - 잘해주는 게 소용없다고 하더라고요.

김 - 예. 그런 거죠. 왕자가 상징하는 경제적인 능력이 중요하다는 것입니다. 〈키다리 아저씨〉의 경우는 아저씨가 어린 소녀를 도와주고 끝났으면 좋은데, 결국엔 키다리 아저씨와 결혼을 하잖아요. 전 정말 놀랐어요. 결말에 결혼할 줄 몰랐어요. 그래서 저는 어렸을 때 굉장히 상처를 받았죠.

원— 맞아요. 남자들 입장에서 굉장히 이상한 이야기예요, 저게. 여자들은 그렇게 안 느끼는 것 같더라고요.

김— 하여튼 이런 이야기들이 작가의 상상력만은 아니고요.

원— 이건 키가 큰 걸 좋아하는 예 중 하나인가요? 왕자님은 아니니까.

김— 그게 어떤 남자나 아저씨도 애보다는 크지 않겠어요? 어린 여자보다는 크지 않겠어요? 모르겠어요. 무엇보다 키다리 아저씨가 뭐든 도와줄 수 있을 만큼 능력이 출중했다는 사실이 중요하죠. 동물의 사회에서도 수컷이 여성의 선택을 받기 위해서 굉장히 많은 것을 해야 돼요. 예를 들어 뉴기니에 사는 극락조들을 보면요, 수컷들이 암컷들을 주르륵 앉혀 놓고, 나를 선택해 달라고 열심히 춤을 춥니다. 수컷 제브라 핀치Zebra finch는 노래를 열심히 하는데 그것을 아빠한테 배워야 합니다. 태어난 지, 알에서 깨어난 지 50일 이내에 아빠한테서 배워야 해요. 그런데 태어날 때부터 청각장애가 있는 아들은 노래를 못합니다. 아빠 목소리를 못 들었기 때문에. 나중에 교배도 못 하게 되고 교미도 못 하게 됩니다. 춤이나 노래를 잘한다는 것은 그만큼 건

강하다는 증거이고 우월한 유전자가 있다고 유혹하는 것이지요. 새들 중에 송버드Songbird나 앵무새 계통의 암컷은 특히 모창을 잘하는 수컷을 선호합니다.

원— 아, 암컷들이 흉내 내는 걸 좋아해요?

김— 그렇죠. 똑같은 새라도 사는 지역마다 방언이 있어요. 다른 노랫소리를 계속 따라 하는 성향이 있기 때문인데요. 왜 이렇게 따라 하려고 노력하는가 보았더니 이게 일종의 영역다툼이에요. 새들은 싸우지 않고 이 노래 경연으로 싸웁니다. 그래서 얘가 목소리 A톤으로 노래를 부르면 내가 따라 해요. 그럼 쟤가 또 B톤으로 바꿔요. 또 B톤을 따라 해요. 계속 노래를 따라 하다가 내가 안 되겠다 하면 다른 데로 날아갑니다.

원— '배틀battle'을 하는 거군요. 노래로

김— 그렇죠. '배틀'입니다. 여러분은 아침에 새소리가 나는 게 아름답게 들릴지 몰라도 그게 배틀 중인 거예요. 새들은 자기 구역을 나누게 되고 싸우게 됩니다. 또 암컷이 그런 것들을 잘 따라 하는 수컷을 좋아하고요. 그래서 모창을 잘하는 새들 경우에 암컷의 선호도가 높고 잘 못 따라 하는 수컷들은 암컷들이 싫어합니다. 또 남자들은 굉장히 힘들어요. 좌우대칭으로도 잘 생겨야 됩니다. 좌우대칭으로 똑같이 생겨야 해요. 그래서 제비나 이런 새를 보면 하늘을 높이 날 때 날개를 쫙 펴서 날잖아요. 그게 자신의 대칭성을 자랑하는 거예요. 암컷이 정확히 대

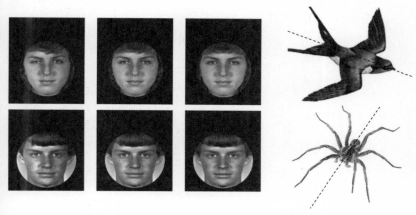

• 종을 초월해서 대칭은 미남의 기준이다 •

칭으로 된 수컷들을 좋아합니다. 그건 무엇을 말하느냐 하면 정
상적으로 건강하게 잘 발달했다는 뜻이죠. 사람도 마찬가지예
요. 테스트를 해보시면요.

원― 이 사진들은 뭐죠?

김― 이건 편집한 사진입니다. 그래서 오른쪽으로 갈수록 좌우
대칭이 강한 것이고 왼쪽은 좌우가 '비대칭적인asymmetric' 것입니
다. 여성분들께 선택하시라고 하면 당연히 오른쪽을 택하시겠
죠? 이게 그런 동물적인 본능인거죠. 그리고 비단 동물뿐만 아
니라 사람들도 이런 건강한 신호가 있어야 돼요. 똑같이 젊은
사람이라고 할지라도 여러분이 선택을 하실 때, 아무래도 그런
차등을 두고 선택을 하지 않으시겠어요? 그런 사인sign들도 꿩

• 수컷이 구애할 때 선물은 기본이다 •

장히 중요합니다. 남자는 춤도 잘 춰야 하고 공부도 잘해야 하고 생기기도 잘생겨야 해요.

　이건 바우어새Bowerbird라는 새인데 수컷이 만든 거예요. 나뭇가지로 바우어라는 구조물을 만들고 그 주변에 온갖 잡동사니들을 다 모아 놓아서 암컷을 유혹하는 것입니다.

원─ 저건 뭔가요? 물고 온 게?

김─ 이것은 일부러 사람이 만든 물건을 놔둔 것인데 모으고 있는 중입니다. 여성분들이 웃으시는데요, 사실 남자가 선물하는 거 좋아하시잖아요. 그렇죠? 고백할 때, 아무것도 없이 빈손으로 하는 것보다 반지나 정성스런 선물이 있으면 더 좋지 않나요? 많은 암컷이 이렇게 물건을 가지고 구애하는 수컷을 좋아합니다. 이것은 아마도 먹잇감을 모아 올 수 있는 능력을 반영

하는 것으로 생각해볼 수 있겠습니다. 능력 있는 왕자님인지 테스트하는 것이지요.

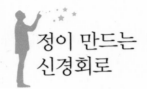

정이 만드는
신경회로

김— 마지막 세 번째 사랑의 단계, 정말 로맨틱한 과정이죠. 오 랜 연인과 부부에게서 볼 수 있는 사랑에서 정으로 가는 단계가 있습니다. '정情'이라는 말이 한국에만 있는 단어인데 신경생물 학에서는 사랑의 세 번째 단계를 표현하는, 굉장히 과학적인 말 이라는 생각이 들어요.

연애가 막 시작이 되면 뇌에서 <u>옥시토신</u>, <u>바소프레신</u> 같은 호 르몬들이 증가하고, 이들 호르몬은 신경회로의 활성을 변화시 켜 배우자에 대한 친밀감을 증가시킵니다. 실제로 쥐들에게 옥 시토신을 주사하면 서로 사회적인 친밀도가 높아져요. 그렇게 초창기의 어떤 애착, 초창기에 가까워지려는 뜨거운 감정들은 옥시토신과 바소프레신에 의해 조절이 됩니다. 그 다음에는 "NGFNerve Growth Factor"라고 하는 물질이 증가하는데요, 신경회로 자체가 바뀌는 크고도 영구적인 변화를 만들어냅니다. 사귄 지 오랜 시간이 지나도 끈끈한 연결이 뇌에 형성되는 거죠. 이런 연결이 바로 우리가 말하는 '정'이 아닌가 생각해볼 수 있습니다. 정이 들면 비록 심장이 뜨겁게 뛰지는 않아도 항상 같이 있고 싶고 떨어져 있으면 괜히 불안하고 그런 거죠.

원— 이게 다 호르몬의 작용인 거죠?

김— 예. 연애 초창기는 호르몬 작용인데 나중에는 신경회로가 변해서 아예 뇌 자체가 같이 바뀌는 거죠.

원— 소위 '재배열rewired'된다는, 그런 식인 거예요?

김— 그렇죠. 그래서 제 신혼 이야기를 하자면, 제가 실험하는

옥시토신 　옥시토신Oxytocin은 등뼈 동물과 무척추 동물을 포함하는 다양한 동물의 뇌하수체 후엽 가운데에서 분비되는 호르몬으로, 자궁 수축 호르몬이라고도 한다. 보통 자궁 내의 근육을 수축시키는 작용에 많이 사용되어 자궁 수축제나 진통 촉진제로 쓰이며, 유선의 근섬유를 수축시키는 작용을 해서 젖의 분비를 촉진하는 데도 사용된다. 호감을 느끼는 상대를 보았을 때에도 뇌하수체에서 혈류로 분비되는데, 옥시토신이 혈류에 분비가 되면 껴안고 싶은 충동과 성욕을 느끼게 되고, 산모에게 분비될 경우 아기 울음소리에 민감하게 반응하게 된다.

바소프레신 　바소프레신Vasopressin은 뇌하수체 후엽에서 분비되는 호르몬으로 항이뇨 호르몬이라고도 한다. 신장이 물을 재흡수하도록 촉진시키고 소변을 농축해서 양을 줄인다. 또한 성관계 시 분비가 촉진되면서 파트너와의 유대감을 증대시킨다. 남성에게 분비될 경우 다른 남성에 대한 적대감을 키운다.

사람이니까 결혼을 일찍 했어요. 학생 때 결혼을 하니까 제 희망과 로망이 무엇이었냐면, 집에 아무도 없을 때 저 혼자서 실험실에서 실험하고 오는 그런 거, 애기 기저귀도 안 갈아도 되는 것이었어요. 그런데 어느 날, 저희 집사람이 애를 데리고 친정에 간다는 거예요. 그래서 동그라미 쳐놓고 그날이 너무 기다려지는 거예요. 야, 그날이 되면 이 일도 하고 저 일도 하고 책도 읽고 논문도 읽고 해야 되겠다. 종이에다 계획을 쫙 세워놓았어요. 그런데 아내가 떠나고 '이제 자유구나 나만의 일을 시작해야지' 하고 딱 집으로 들어오는 순간, 멍해지고 무기력해지고 아무 생각이 안 나는 거죠. 그날 저녁에 제가 처가로 갔어요. 아무 일도 못 할 거 같아서. 뇌가 변해가지고 그런 상태가 되는 거죠.

원 ─ 막상 가셨을 때, 부인께서 싫어하지 않으셨나요?

김 ─ 아, 뭐 그러고 나서 아무것도 못 하는 상태가 되는 거예요. 내가 그렇게 뜨겁게 사랑하는 것 같지 않은데 배우자가 없으면 아무것도 못 하는 상태가 되는 거죠. 이게 여러 드라마에 나오는 로맨틱 러브의 주제잖아요. 그게 왜 로맨틱 러브인지 모르겠는데 로마 시대에는 이런 사랑이 굉장히 존경받았나 보죠? 하도 귀족들이 문란하게 생활을 하니까 한 사람만 사랑하고 평생을 그 사람을 위해서 헌신하는 것을 굉장히 추켜세우는 문화가 있었나 봐요. 로마 황제도 자기는 바람피우고 문란하게 생활을

• 아름다우면서도 간절한 뿔논병아리 구애의 춤 •

해도 백성들은 건전하게 살게 하려고 법도 많이 만들고 계몽 활동을 했다고 하죠. 실제로 동물사회에도 로맨틱 러브가 있습니다. 대부분의 동물이 난잡성이기는 한데, 일부 동물은 평생 배우자와 같이 살아요. 학 종류, 이런 것들. 그런데 일부일처제는 보면 다 닮았어요. 어떤 게 암컷인지 수컷인지 구별 안 되시죠? 부부는 닮는다. 이게 정말 맞는 거죠. 실제로 동물 사회에서 일부일처제를 하는 동물은 거의 비슷하게 생겼거든요. 그리고 일부일처제를 하는 대표적으로 동물로 뿔논병아리가 있는데 뿔논병아리의 구애 행동을 보겠습니다. 여기서 암컷이 한 대로 수컷이 그대로 따라 해야 해요. 못 따라 하면 탈락이에요. 갑자기

뜁니다.

원— 어휴.

김— 예. 물 위를 뛰는 건데요.

원— 물 위를 걷고 있어요. 사랑의 힘으로 저게 가능한가요? 지금?

김— 예. 지구력 테스트입니다. 중간에 힘들어서 떨어지면 또 탈락이에요. 계속 가는 거죠. 그리고 이게 그냥 똑바로 가는 게 아니라 가다가 방향을 팍 틀어요. 틀었는데 자기 혼자 쭉 가면 또 탈락입니다. 그래서 부부가 이렇게 행동이 서로 동기화 synchronize가 되고 같이 행동하는 게 자연계의 생존에 굉장히 중요하다는 거죠. 얘가 왜 이런 행동을 하느냐? 과학자들이 연구를 해봤습니다. 뿔논병아리는 새끼를 같이 키워요. 아빠가 새끼를 키우고 엄마가 사냥을 나갔다가 돌아오면, 또 엄마가 새끼를 보고 아빠가 사냥을 나가는 식으로 교대를 합니다. 암컷이 왜 이런 테스트를 하냐면, 매나 포식자가 나타나면 수컷은 뛰어야 합니다. 물 위로. 나 잡아봐라 하고 뛰는 거예요. 그리고 암컷하고 새끼들을 보호하는 거죠. 그러니까 잘 뛰어야 되겠죠. 초장에 잡아먹히면 가족이 위험해지니까 계속 도망가야 하는 거죠. 그리고 갑자기 커브를 도는 것은, 갑자기 방향을 틀어야 살아남잖아요. 매는 지나가고. 그래서 그런 능력도 테스트하고요. 이제 그렇게 검증을 통과하면, 마지막 단계로 잠수

• 외모는 볼품없지만 여러모로 대단한 벌거숭이 두더지쥐 •

해서 물고기 잡는 사냥능력을 테스트합니다. 물고기를 일정한 시간 내에 잡아오면 "아, 통과했습니다" 하고 같이 살게 되는 거죠.

원— 저렇게까지 하면서 암컷이 필요한가요? 우리?

김— 필요해서라기보다 우리 뇌가 그렇게 되어 있으니까요.

원— 예.

김— 그리고 수컷이 화려한 경우에는 대부분의 동물이 일부다처제입니다. 그런데 암컷이 화려한 경우도 있어요. 그때는 일처다부제. 좀 화려해야 많이 모을 수 있잖아요. 이런 것들도 있습니다. 화려하지 않아도 제가 사랑하는 쥐들 중 하나인데 아프리카에 사는 벌거숭이 두더지쥐naked mole(실제로는 두더지과는 아닙니다)입니다. 굉장히 멋있게 생겼죠? 제가 정말 연구하고 싶은 쥐 중에 하나인데 얘는 모계 중심 집단사회를 이룹니다. 여왕이 있고 그 주변에 다 모여서 사는데 오직 여왕만 새끼를 낳아요. 그리고 나머지 암컷과 수컷들은 새끼를 안 낳고 그냥 모여서 삽니다, 백수같이. 살다가 뱀이 나타나면 자기네들이 대신 가서 잡아먹혀요. 그런데 이 종족이 살아남는 데 문제가 없는 이유는, 어차피 걔네들은 새끼를 안 낳는 애들이잖아요. 그래서 이 여왕이 새끼를 낳고 나머지는 그냥 군인같이, 빈둥빈둥 놀다가 잡아먹히는, 어떻게 말하면 개미와 같은 포유류입니다.

원― 그러게요.

김― 이런 짐승들이 요즘 굉장히 많이 연구가 되고 있는데, 왜냐하면 얘들이 통증을 못 느껴요. 뱀이 잡아먹어도 통증을 잘 못 느낍니다. 얘들이 암도 안 걸리고 보통 쥐가 수명이 3년인데 서로 싸우지 않고 봉사하면서 30년을 살아요. 그래서 장수의 비밀이 숨어 있다고 해서 이 쥐를 많이 연구하고 있습니다. 아프리카에서 이런 몸으로 산다고 생각해보세요. 대단한 거 아닙니까? 그리고 얘들이 눈도 안 보여요. 장님이에요. 그런데도 굉장히 훌륭하게 생존하는 동물입니다. 그래서 제가 이것을 키워서 연구하려고 시도했는데, 이 여왕이 너무 까다로워서 매일, 가장 신선한 과일과 야채를 공급해줘야 된답니다. 애가 삐치면 한 3년 동안 새끼를 안 낳는데요.

원― 저 사회에서는 나머지 애들이 그런 걸 다 갖다 바치나요?

김― 그런 것 같아요.

원― 그런데 모든 동물이 가정적인 것은 아니잖아요? 부부간의 애착이 생기는 이유는 무엇일까요?

김― 과학자들이 사람 가지고 연구할 수 없으니까 쥐를 가지고

• 단란한 초원 들쥐(왼쪽)와 고독한 목초지 들쥐(오른쪽) •

연구했죠. 미국 중부에 사는 초원 들쥐Prairie vole는 사람이 부부 관계를 맺는 것처럼 암컷과 수컷이 늘 같이 다니고 새끼도 같이 키워요. 반면에 '과부 생쥐'라고 하는 목초지 들쥐Meadows vole 는 거의 똑같은 들쥐인데 가정을 꾸리지 않고 혼자 돌아다닙니다. 난잡성이죠. 그래서 그 두 가지 뇌를 비교하면 어떻게 부부 관계나 애착이 형성되는지 연구할 수 있겠다 해서, 과학자들이 드디어 해답을 찾았습니다. 뇌 아래쪽에 '복부 대뇌피질'이라는 부위에 '바소프레신 수용체'가 중요하다는 것입니다. 가정적인 들쥐에서는 이 '바소프레신 수용체'가 많이 발현이 되고, 혼자 사는 생쥐 중에는 바소프레신 생쥐가 없습니다. 바소프레신 수용체가 '애착을 형성하는 데, 가정적으로 만드는 데 중요하다'라는 가설을 세울 수 있겠죠. 이 가설을 증명하기 위해 이번에는 바람피우는 들쥐에다가 바소프레신 수용체 유전자를 넣어주었어요. 그랬더니 바람기 있던 쥐가 갑자기 가정적으로 변했어요. 자기 암컷을 핥아주고 옆에서 새끼도 보는 가정적인 남편으로 바뀌었죠.

원— 저게 사람에게도 적용이 될까요?

김— 이론상 가능하지만 현실적으론 불가능하죠. 새로운 유전자를 배우자의 뇌에 넣어야 하는데 동의하지 않겠죠. 그보다는 애당초 이 유전자가 많이 발현되는 남성을 고르는 게 낫지 않을까요?

원— 그렇다면 어떻게 가정적인 남자를 알 수 있을까요? 연애할 때는 다 좋아 보이잖아요?

김— 바람피우는 들쥐와 가정적인 들쥐의 공간학습능력을 측정해보았더니 흥미로운 결과가 나왔습니다. 가정적인 들쥐는 암컷과 수컷 간에 공간학습 능력에 차이가 없습니다. 그런데 이 바람피우는 들쥐를 보니까 수컷들이 공간학습능력이 엄청 좋아요. 말씀해보세요. 이 들쥐는 왜 이렇게 공간학습능력이 좋을까요? 길을 잘 찾는다는 이야기죠? 잘 돌아다니면서 어디에 암컷이 있는지 잘 기억해야 되잖아요. 여러분이 이걸 테스트할 수 있는 방법이 있어요. 여러분이 지금 사귀고 있는 남자분이 공간학습능력이 너무 뛰어나면 사실은 약간 외도형 생쥐에 가까울 가능성이…. 예, 이런 것을 확대 해석이라고 하죠. 비과학적인 적용입니다. 제가 생쥐를 연구하다 보니 모든 것을 생쥐에 대입해서 설명하려는 습관이 있는데, 여러분 남자 친구가 길을 못

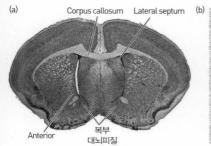
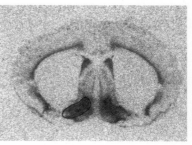

(a) Corpus callosum Lateral septum (b)

Anterior 복부 대뇌피질

• 뇌의 단면에서 바소프레신이 분비되는 복부 대뇌피질의 위치를 확인할 수 있다 •

찾는다고 너무 타박을 안 하시는 게 좋을 것 같아요. 그런 분은 가정적일 확률이 높습니다.

원─ 그렇다면 반대의 경우는 없나요? 제가 아는 여성은 길을 아주 잘 찾으십니다.

김─ 네. 예를 들어 여자, 암컷이 공간학습능력이 더 발달된 경우도 있어요. 예를 들어 뻐꾸기 같은 경우에, 뻐꾸기는 남의 둥지에다가 알을 낳잖아요. 그래서 지금 어느 동네에, 어느 집 아줌마가 아이를 낳으려는지, 애를 낳을 곳을 잘 기억을 해야 합니다. 그 전날, 비슷한 시기에 가서 알을 하나씩 낳아요. 그러면 뻐꾸기가 태어나서 양어머니 밑에서 자라게 되죠. 분명히 뻐꾸기는 수컷보다 암컷이 공간학습능력이 더 좋습니다.

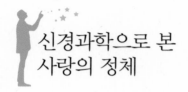

신경과학으로 본
사랑의 정체

김— 자, 지금부터 본격적으로 신경과학에 대해서 말씀을 드릴
텐데요. 그럼 뇌가 사랑을 만들어내는 이유는 무엇일까요? 답
은 없습니다. 정답은 없는데 제가 나름대로 여러 문헌 조사를
하면서 몇 가지로 정리를 해보았어요.

　과연 사랑이라는 게 무슨 의미가 있는가? 사랑은 감정이고
요. 여러분 가만히 생각해보시면 여러분이 떠올리는, 생각이라
든지 인물이라든지 사물이 다 감정이라는 포장지로 쌓여 있다
는 걸 알게 되실 거예요. 어떤 사물이 좋다, 나쁘다. 이런 판단
인 거죠. 사실은 뇌가 그게 좋은지 나쁜지를 이렇게 통계적으
로, 논리적으로, 경험적으로 판단하기는 굉장히 어렵고요. 그
걸 일일이 데이터베이스화, 수치화하기가 어렵습니다. 그래서
우리 머릿속에 있는 기억들을 감정으로 살짝 포장해놓으면 우

· 싸우는 것처럼 보이지만 사실은 사랑하는 사이이다 ·

리가 쉽게, 유용하게 사용할 수 있다는 이론이 되겠어요. 그래서 이런 감정의 포장이라는 게 뭐냐? 제가 예를 들어 설명을 해드릴게요. 이게 상어인데요. 다 아시겠죠? 그리고 이 사람은 어부입니다. 이 물고기하고 사람하고 뭐하는 것 같으세요? 싸우는 거? 예. 이게 실제 있던 일이었는데, 인터넷에서 찾아보시면 나옵니다.

원— 제가 저희 페북에 올린 적도 있어요. 트위터에서 이 사진을 찾아서. 상어가 이 사람을 좋아해서 쫓아다니기도 하고, 배를 타고 나가면 따라가는 애정관계가 형성되어 있다고.

김— 예. 맞습니다. 사실은 이 상어가 그물에 걸려서 죽게 생겼는데 이 사람이 구해줬나 봐요. 그때 좋은 기억이 형성되어서 이 배만 나타나면 나와서 사랑해달라고 이렇게 하고, 쓰다듬어

주면 좋아서 막 이렇게. 그런데 제가 알기로 상어 뇌가 진짜 작
거든요. 정말 작습니다. 특히 원시어류 종류는 굉장히 작은데
우리로 말하면 좋은 느낌, 사랑의 감정을 가지고 있을 수 있다.
이걸 감정이라고 보기엔 상당히 어렵지만 어쨌거나 원시적인
형태로 이런 좋은 감정을 가지고 있다는 게 참 놀랍죠?

원― 얘는 좀 천재적인 두뇌를 가지고 있는 경우일까요?

김― 그런데 그것은 아닌 거 같아요. 왜냐하면 저도 이런 경험
을 한 적이 있어요.

원― 예?

김― 부산에 가면 횟집이 하나 있는데 그 횟집에 흑돔이 있어
요. 그 흑돔이 《부산일보》에도 났거든요? 저는 부산에 가면 흑
돔을 보러 그 횟집에 들르는데 애가 사람을 좋아해요. 그래서
흑돔이 와서 쓰다듬어주면 좋아하고. 제가 그걸 비디오로 찍은
것도 있어요.

원― 횟집에 살던 흑돔. 결국은…

김― 예. 흑돔이 워낙에 사람을 따르고 반가워해서 걔는 안 잡
아먹히고 거기 명물이 되었어요. 그 횟집에서 살았는데 2014년
에 돌아가셨어요.

원― 예.

김― 돌아가셔서 주인분이 묻어주셨다고 하더라고요. 그런데
또 다른 흑돔이, 이렇게 재능 있는 흑돔이 나타나서…

원— 대를 이어서 또 이렇게?

김— 대를 이어서 또 이렇게.

원— 와~

김— 예. 그런 거죠. 그래서 어떤 경험을 했는데 그 경험이 이런 좋은 감정으로 포장되면 그러한 정보는 굉장히 유용한 거죠. 다음에 그런 것들이 나타났을 때에는 내가 이익을 볼 확률이 높아지니까, 그런 의미가 있지 않을까요?

원— 결과적으로 그 흑둥에게도 그게 생존전략이 되었네요?

김— 그렇죠. 예를 들면 아마도 주인이 먹을 것을 줄 때, 얘가 그것을 캐치해서 그런 것이 아닐까요? 그래서 과연 사랑이라는 게 무엇인가? 그것도 잘 모릅니다. 사랑이라는 감정이 무엇인지 모르는데 보통 사람들이 생각할 수 있는, 일반적인 이론은 이거죠. 내 마음에 사랑이 생겼고, 내 마음에 사랑이 있기 때문에 내 몸이 떨고 있다고 생각을 하시죠? 이게 일반적인 이론인데, 사실 생물학적인 이론 가운데는 우리 몸이 떨고 있기 때문에 우리 뇌가 그걸 바탕으로 해서 사랑이라는 감정을 만들어내는 것이 아닌가라고 보는 게 있어요. 이게 제임스와 랑게라는 사람이 주장하는 것이고요, 그 밖에도 여러 이론이 있습니다. 그게 아니다. 과학자인 케논과 바르트는 사랑이라는 감정과 몸이 떨리는 것은 독립적인 동시상황이라고 주장합니다. 이렇게 다양한 가설이 존재한다는 것은 잘 모른다는 뜻이죠.

원− 모른다?

김− 잘 모른다는 거죠. 예. 모른다는 겁니다. 그런데 어쨌거나 몸을 떨고 있고 이걸로 인해서 무언가 사랑의 감정이 솟아나는 것이 맞는 거 같다. 그런 실험적인 증명이 있습니다. 여러분도 아는 캐필라노Capilano의 법칙이죠.

원− 저 여기 가봤어요.

김− 아, 그러십니까?

원− 제가 밴쿠버에 살았거든요.

김− 네.

원− 여기 밴쿠버에서 노스 밴쿠버라고 산 쪽이 있는데, 거기 올라가면 이 캐필라노라는 동네가 있어요. 그 옆에 캐필라노 칼리지Capilano college도 있고 그쪽에서는 이게 되게 유명해요. 그런데 정말 무섭거든요, 여기. 정말 너무 무섭고 그런데 저는 이런

제임스−랑게 이론 윌리엄 제임스William James와 카를 랑게Carl Lange가 제안한 심리학 이론이다. 이 이론에 따르면 우리 몸은 어떤 자극이 주어지면 반응을 보이는데, 이 신체적 반응을 느끼면서 감정이 나타난다. 예를 들면 어떤 사람을 봤을 때 떨리기 때문에 그 사람을 사랑한다고 믿는다는 것이다. 제임스−랑게 이론을 뒷받침하는 신경학적인 근거도 1990년 대 이후 밝혀졌다. 뇌섬insula이라는 부위는 역겨움을 느낄 때 활성화되는데, 이 뇌섬은 내장감각을 주관적으로 의식하는 영역이기도 하다. 상한 음식을 먹으면 내장에서 반사적으로 반응하고, 이를 뇌섬에서 지각하면 역겨운 감정을 느끼게 된다고 한다.

정식 한국어판 大人の科学 韓国語版

vol.1

70쪽 | 값 48,000원

천체투영기로 별하늘을 즐기세요!
이정모 서울시립과학관장의
'손으로 배우는 과학'

make it! **신형 핀홀식 플라네타리움**

vol.2

86쪽 | 값 38,000원

나만의 카메라로 촬영해보세요!
사진작가 권혁재의
포토에세이 사진인류

make it! **35mm 이안리플렉스 카메라**

vol.3

Vol.03-A 라즈베리파이 포함 | 66쪽 | 값 118,000원
Vol.03-B 라즈베리파이 미포함 | 66쪽 | 값 48,000원
(라즈베리파이를 이미 가지고 계신 분만 구매)

라즈베리파이로 만드는
음성인식 스피커

make it! **내맘대로 AI스피커**

vol.4

74쪽 | 값 65,000원

바람의 힘으로 걷는 인공 생명체
키네틱 아티스트
테오 얀센의 작품세계

make it! **테오 얀센의 미니비스트**

vol.5

74쪽 | 값 188,000원

사람의 운전을 따라 배운다!
AI의 학습을 눈으로 확인하는
딥러닝 자율주행자동차

make it! **AI자율주행자동차**

메이커스 주니어

만들며 배우는 어린이 과학잡지

초중등 과학 교과 연계!

교과서 속 과학의 원리를 키트를 만들며 손으로 배웁니다.

메이커스 주니어 01

50쪽 | 값 15,800원

홀로그램으로 배우는 '빛의 반사'

Study | 빛의 성질과 반사의 원리

Tech | 헤드업 디스플레이, 단방향 투과성 거울, 입체 홀로그램

History | 나르키소스 전설부터 거대 마젤란 망원경까지

make it! **피라미드홀로그램**

메이커스 주니어 02

74쪽 | 값 15,800원

태양에너지와 에너지 전환

Study | 지구를 지탱한다, 태양에너지

Tech | 인공태양, 태양 극지탐사선, 태양광발전, 지구온난화

History | 태양을 신으로 생각했던 사람들

make it! **태양광전기자동차**

동아시아
science

• 위태로워 보이는 캐필라노 다리는 고백의 명소가 아닐까? •

법칙이 있는지는 몰랐어요.

김— 이곳을 캐필라노 캐니언Capilano Canyon이라고 그래요. 캐필라노 계곡에 두 개의 다리가 있다고 하는데 굉장히 무서운 다리가 있고 굉장히 안전하고 넓은 다리가 있대요. 그런데 어떤 여성분들이 이 끝에서 앙케트 조사를 한 거죠. 몇 가지 앙케트를 조사한 다음 혹시 더 생각나는 게 있으면 나중에 연락하세요, 하고 전화번호를 준 거예요. 여성분이 남성한테. 그랬더니 안전한 다리에서 앙케트를 했을 때는, 예를 들면 100명 중에 한 2명밖에 연락이 안 왔는데 여기서는 대부분의 남자들이, 한 80퍼센트의 남자들이 다시 이 여성한테 연락을 한 거죠. 작업 전화를

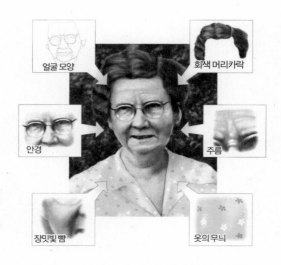

얼굴 모양

회색 머리카락

안경

주름

장밋빛 뺨

옷의무늬

• 할머니를 인식하기 위해 뇌는 여러 정보를 하나로 묶어야 한다 •

건 거예요. 그래서 결론이 무엇이냐면, 아마도 이런 떨리는 감정과 사랑이라는 감정이 착각을 일으킬 수도 있고 그게 연결되는 과정이 어떤 사랑의 느낌이 아닐까? 이런 메커니즘을 제시한 훌륭한 연구가 되겠어요.

그리고 사실 뇌의 메커니즘이 그렇습니다. 사랑이라는 감정뿐 아니라 우리가 인식하는 모든 것이, 신경은 이렇게 다 떨어져 있는데 떨어져 있는 신경들이 정보를 주고받으면서 서로 연결되어야지만 우리가 무언가를 깨달을 수가 있습니다. 예를 들면 우리가 할머니를 인식하는데 사실은 이게 뇌에서는 굉장히 어려운 문제입니다. 이 할머니의 머리 색깔도 있고 피부 색깔도 있고 안정도 있고 여러 가지가 있고 할머니의 느낌도 있고 한데, 이 모든 것을 뇌는 하나의 대상으로 인식한다는 말이죠. 보시면 할머니의 목소리가 저장되는 부분, 시각적인 자극이 들어오는 부분, 그다음에 할머니의 향내가 뇌에 들어오는 부분이 다 다릅니다. 그런데 우린 그것을 하나로 인식하죠. 여러분이 제 목소리를 듣고 있지만 제 얼굴 모습과 목소리와 이 장면들을 다 하나로 인식하죠. 그게 영어로는 '연결 문제Binding problem'라고 해서 아직까지 해석을 잘 못하고 있지만, 뇌는 이 모든 것을 연결하려고 합니다. 여기에 감정까지 더해져서 뇌는 서로 관련이 없는, 많은 것을 묶으려고 해요.

이게 뇌에서 인식하는 방법인데 이 말단에 서로 다른 신경자극들은, 어떤 시각자극이나 청각이나 체감각 같은 것들은 <u>시상</u>을 통해서 이렇게 <u>대뇌피질</u>로 전달돼요. 서로 다른 부위로 가죠? 서울, 대전, 부산, 대구, 뭐 다 다른 부위로 가는데 이게 연합이 되는 거예요. 연합이 되는 메커니즘이 뇌에 있는데, 제가 연구하는 주제가 이 시상이에요. 시상을 통해서 어떻게 이 세상이 전달되는가? 옛날 소설 중에 그런 게 있었죠? 감옥에 1층과 2층이 있는데 2층만 창문이 있어서 2층에 있는 사람이 창문을 내다보면서 세상에 대해서 이야기를 해주죠. 그래서 나중에 이 사람들은 희망을 가지고 세상 밖으로 나갈 거라고 생각했는데, 나중에 알고 보니까 2층에는 창문이 있었던 것이 아니고 그냥 벽인데 그 사람이 계속 이야기를 해줬다는 거죠. 마찬가지로 우리 뇌와 세상 사이에는 굉장히 큰 단절이 있어요. 그래서 여러분이 보는 것들은 사실은 다 가상세계예요. 실제로 여러분이 녹색으로 보는 게 녹색이 아닙니다. 녹색이라는 것은 우리가 만들어낸 인식이에요. 뇌에서도 외부 자극을 뇌가 인식하는 자극으로 바꾸어 전달해주는 곳이 있는데 바로 '시상'입니다. 시상이 말해주는 대로 우리는 인식을 하는 거죠. 영화 〈매트릭스〉와 유사한 일이 일어나고 있는 셈이죠.

원 ― 결국에는 뇌가 어떻게 세상을 의식하면서 살아가느냐 하는 문제군요.

시상 시상Thalamus은 여러 개의 핵으로 이루어진 간뇌의 대부분을 차지하는 주요 구조로서 대뇌의 안쪽, 중뇌의 바로 전측 및 배측에 놓여 있다. 피질하 회백질 구조의 하나로서 두 개의 작은 타원형으로 구성되어 있으며 좌우 대뇌반구에 하나씩 자리 잡고 있다. 시상은 통합중추로서 대뇌피질에 투사되는 주요 감각계의 최종 중계소다. 즉, 후각을 제외한 시각계, 청각계 및 체감각계는 시상을 거쳐 대뇌피질에 투사되며, 운동 신호의 중계, 의식, 수면 등의 조절에 대한 모든 감각 신경로가 이곳에 모였다가 해당 감각피질로 전달된다.

대뇌피질 대뇌피질Cerebral cortex 또는 대뇌겉질은 대뇌의 표면에 위치하는 신경세포들의 집합이다. 두께는 위치에 따라 다르지만 1.5~4밀리미터 정도이다. 같은 포유류라도 종에 따라 대뇌피질의 두께는 다양하다. 대뇌피질은 부위에 따라 기능이 다르며, 각각 기억, 집중, 사고, 언어, 각성 및 의식 등 중요 기능을 담당한다.

김— 프랜시스 크릭이라 하시는 분이, 이분이 DNA 구조를 발견해서 노벨상을 타신 분인데, 왓슨과 크릭이라고 하죠? 2004년도에 돌아가셨는데, 여생을 의식의 문제, '우리가 어떻게 깨닫고 알게 되는가?' 같은 것을 연구하셨어요. 그래서 이분의 결론이 무엇이냐면 시상과 대뇌피질이 상호작용하면서 인식을 하게 된다, 서로 다른 자극이 동시에 들어오면 우리는 이렇게 물고기라는 인식을 만들어낸다는 겁니다. 그런데 타임 프레임이 40분의 1초입니다. 그래서 '감마진동γ oscillation'이라고 하는데, 아마 감마리듬이라고 많이 들어보셨을 거예요. 여러분이 뇌파를 측정하게 되면, 무언가 집중을 하게 되면 감마리듬이 생성됩

DNA   DNADeoxyribonucleic acid(디옥시리보 핵산)는 핵산의 일종이며, 주로 세포의 핵 안에서 생물의 유전 정보를 저장하는 물질이다. DNA의 주 기능은 장기간에 걸친 정보 저장이다. 결합되어 있는 핵염기에 의해 구분되는 네 종류의 뉴클레오타이드가 중합되어 이중 나선 구조를 이룬다.

왓슨과 크릭   제임스 왓슨James D. Watson과 프랜시스 크릭Francis Crick은 DNA의 이중 나선 구조를 발견한 것으로 유명한 분자생물학자이자 유전학자이다. 두 과학자는 서로의 중점 연구 분야에 동의하며, 1953년 4월 25일 DNA의 이중 나선의 구조에 관한 논문을 《네이처》에 발표했다. 이 논문은 발표 당시 학계에서 별로 주목받지 않았으나, 생물학이 점차적으로 발전함에 따라 이 논문에서 제시된 DNA 구조의 중요성과 타당성이 인정되었다. 두 사람은 X선 회절을 이용해 DNA 이중 나선 구조를 규명하는 데 기여한 모리스 윌킨스Maurice Wilkins와 함께 1962년에 노벨 생리의학상을 수상한다.

니다. 제가 강의를 잘하면 여러분에게 감마리듬이 생성되고 제
가 강의를 못하게 되면 여러분 뇌에서는 수면파가 생성이 되겠
죠. 그래서 의식을 잃게 되죠. 의식을 잃게 되어서… 제가 원래
전공이 의식을 잃는 것을 연구하는 겁니다. 그래서 연구에서만
전공을 한 것이 아니라 제가 수업할 때 보면 정말 의식을 잃는
학생들이 있어요. 아, 제가 최면을 잘 거는구나, 이렇게 생각을
하는데 시상과 대뇌피질의 상호작용입니다.

연결된 신경망과 패턴완성, 사랑의 연상작용

김─ 마찬가지로 여기다가 우리가 감정을 덧입힐 수가 있죠. 그래서 이게 왓슨John B. Watson과 레이노Rosalie Rayner가 실험한 '리틀 앨버트Little Albert' 실험인데요. 왓슨이 교수예요. 교수고 대학원생이랑 실험을 했어요. 그리고 옛날에는, 당시에는 고아를 데려다가 사람 가지고 실험할 수가 있었나 봐요. 윤리적으로 굉장히 문제가 많던 실험이죠. '앨버트'라는 꼬마를 데려다 실험을 한 거예요. 얘한테 쥐를 주었더니 좋아해요. 흰쥐를 가지고 놀면서 좋아하고 있었는데, 그 순간에 뒤에서 엄청나게 크게 '땅' 소리를 내며 몽둥이를 내려친 거죠. 그러니까 얘가 놀랄 거 아니에요. 그렇게 쥐를 만질 때마다 깜짝 놀라게 했더니 어떤 일이 생겼냐면, 나중에 쥐만 줬는데도 무서워하게 된 거예요. 자, 쥐라는 정보와 큰 소리라는 무서운 감정이 연합된 거죠. 그래서 이 친구가 흰쥐만 무서워하는 게 아니라 흰색 털을 가진 걸 다 무서워하게 되었어요. 토끼도 무서워하게 되고 털도 무서워하는 식이 되겠죠. 사실은 굉장히 비인간적인 실험인데 이게 최초의 '공포 조건화fear conditioning'라는 실험이 됩니다.

원― 네.

김― 소문에 따르면 이 친구가 커서 살인자가 된다고 해요.

원― 정말로요?

김― 예. 여섯 명을 살해한 범죄자가 되었지만 어릴 때 실험을 받은 전력이 있기 때문에 그것을 감안해서 감옥에 가지 않고 정신병원에서 여생을 보냈다는 슬픈 이야기가 있어요. 그런데 왓슨은 이혼하고 나서 같이 실험했던 레이너와 재혼해서 살았다고 해요. 왓슨은 심리학의 아버지 같은 대가시죠. 굉장히 유명하신 분인데 당시에 고아를 가지고 실험하는 것은 윤리적으로 문제가 없었는데, 조강지처랑 이혼하고 재혼하는 건 문제가 있었나 봐요. 그래서 이분이 대학에서 나오셨다고 그래요. 그런데 워낙에 심리학이나 인간 두뇌에 대한 것을 잘 아시니까 나중에 광고나 이런 걸로 굉장히 성공을 하게 됩니다.

원― 돈을 많이 버셨군요.

김― 예. 그런 거죠. 그렇다면 앨버트의 뇌에서 무슨 일이 일어났을까요? 쥐에 대한 기억이 소리로 유발된 공포 기억과 연결된 것입니다. 이것을 패턴완성이라고 합니다. 만일 A라는 신경, B라는 신경, C라는 신경이 동시에 자극이 되면 이 신경들 간의 연결, 즉 시냅스가 강화됩니다. 그래서 나중에는 A라는 자극만 줘도 B와 C의 기억이 같이 떠올라 전체 자극이 완성되어 다시 기억해낼 수 있는 거예요.

원― 서로 다른 기억이 신경세포를 통해서 연결될 수 있다는 것이군요.

김― 네. 혹시 〈번지점프를 하다〉라는 영화를 보셨나요? 그 영화를 보면 주인공인 이병헌 씨가 사랑하던 애인이 있었는데 일찍 사별하게 되죠. 사별하게 된 다음에 고등학교 선생님을 잘하고 있었는데 어느 날 갑자기 자신의 남자 제자를 사랑하는 감정이 생기기 시작한 거예요. 그런데 그게 왜 그런가 했더니 이 남자애가 자기가 사랑했던 여자의 습관이라든지 몇 가지 모티브를 가지고 있던 거죠. 그래서 저는 이게 동성애 영화라기보다는 신경과학 영화라고 생각해요. 선생님의 뇌에 패턴완성이 생긴 거죠. 그 학생이 과거 애인과 비슷한 습관이 있었기 때문에 이러한 단서를 통해서 과거 모든 사랑의 감정과 추억이 함께 연결되어 하나의 패턴이 완성된 겁니다. 그래서 정말 사랑해서는 안 되는데, 그 남자 제자를 보면 그런 느낌이 나는 거예요. 만약에 제가 이분을 알았더라면 이것은 신경과학적으로 당연한 현상이라고 설명하고 걱정하지 말라고 말씀드렸을 텐데, 하여튼 영화는 함께 자살하는 비극으로 막을 내리게 됩니다.

우리도 패턴완성 실험을 한번 해볼게요. 이 사진의 주인공 성함이 어떻게 되시죠? 예. 두 사진 모두 잭 니컬슨Jack Nicholson이라는 분인데, 시각적으로 보면 두 사진이 완전히 다르잖아요. 그래도 여러분의 뇌는 이 두 사람을 같은 사람으로 인식을 하잖아요. 그게 패턴완성 기능 때문입니다. 그런 정보가 있고 여러분 머릿속에서 잭 니컬슨은 어떻게 생겼다는 신경망이 형성되어 있기 때문에 일부 자극만 봐도 나머지 모습이 떠오르게 되는 거고요. 마찬가지로 이게 뭐죠? 숭례문. 이것은? 이것도 숭례문. 예. 보면 시각적인 자극이 다른데도 여러분은 모두 숭례문인 것을 유추할 수가 있어요. 이게 패턴완성입니다.

원— 컴퓨터가 이런 걸 잘 못하죠. 특히 사람 얼굴 같은 경우에.

김— 그렇죠. 잘할 수 있게도 할 수 있지만 사람은 엄청나게 빠르게, 이런 것들을 본능적으로 할 수가 있는 거죠.

원— 예.

김— 그런데 서로 비슷하게 생겼다고 무조건 같다고 보면 안 되고요. 뇌는 서로 유사하지만 다른 것을 분리하는 기능도 있습니다. 그걸 패턴분리라고 해요. 패턴완성과 패턴분리가 모두 잘되어야 합니다. 여러분 주변에 약간 원수 같은 사람이 있잖아요. 내가 특별히 미워할 이유가 없는데도 괜히 미운 사람이 있다면, 아마 그 사람은 내가 과거에 미워했던 사람과 뭔가 공통점이 있을 거예요. 이게 패턴완성입니다. 이게 심해지면 증오

• 패턴완성의 사례들, 완전히 다른 시각적 정보에서 동일한 대상을 유추한다 •

심이 생기니까 패턴분리가 잘되어야 됩니다. 그래서 '아, 저 사람은 그 사람하고는 달라. 내가 저 사람을 미워할 필요가 없어' 그런 것이고요. 그리고 그 대상이 실제로 나에게 원수 같은 행동을 했어도 그걸 잘 분리해야 되겠죠. 그 사람이 나쁜 게 아니라 그 행동이 나쁜 거다. 다 사정이 있겠지 하고 패턴완성의 유혹을 넘어 패턴분리를 잘 해야겠죠.

원― 그런데 그게 어느 정도까지 의식적으로 극복이 되나요?

김― 그게 의식적으로 어느 정도 가능하다고 봅니다. 아까도 말

씁드렸다시피 뇌는 굉장히 유연flexible해요. 시냅스 가소성Synaptic Plasticity이라고도 하죠. 아예 신경연결의 구조를 바꿀 수 있는 능력입니다. 그래서 변화되는 환경에 적응하도록 하는 것이죠. 이렇게 환경과 뇌의 상호작용을 연구하는 분야가 뇌 후성유전학입니다. 후성유전학은 뇌 속의 유전자가 신경회로 변화에 필요한 요소들을 만들어내는 것을 연구합니다.

가소성 가소성plasticity은 본래는 물리학에서 쓰이는 개념인데 힘을 가하여 변형시킬 때, 영구 변형을 일으키는 물질의 특성을 가리킨다. 신경계 연구에서는 기억, 학습 등 뇌 기능의 유연한 적응 능력을 '뇌의 가소성'으로 표현하는 경우가 많다. 기억, 학습의 경우 비교적 짧은 기간에 가해진 자극에 의해 뇌 내에 장기적인 변화가 일어나, 자극이 제거된 후에도 그 변화가 지속되는 것으로 보이기 때문이다. 이 가소성 변화가 일어나는 부위는 신경세포 간의 접합부인 시냅스이다.

후성유전학 후성유전학epigenetics은 DNA의 염기서열이 변화하지 않는 상태에서 이루어지는 후생유전적 유전자 발현 조절을 연구하는 유전학의 하위 학문이다. 후성유전학은 유전자를 불규칙적으로 바꾸는 외부 요인이나 환경 요인에서 발생하는, 세포 및 생리학적 표현 특성의 다양성을 연구한다.

사랑회로를 자극하면
사랑이 생긴다?

김— 사랑이라는 감정은 여러 가지로 덧입혀질 수가 있습니다. 그래서 아리스토텔레스Aristoteles가 그걸 잘 '분류classification'해놓았는데요. '필리아philia'라는 단어가 있잖아요. '필리아'만 붙으면 '뭐의 필리아', 이렇게 되잖아요. 여러 종류의 '필리아'가 존재하죠. 사랑하는 사람들과의 사랑, 그다음에 친구와의 우정, 그다음에 어떤 시민으로서의 그런 것들, 그리고 전우애. 여러 가지 종류의 사랑이 존재한다는 것을 이미 아리스토텔레스가 말했는데 이걸 신경과학적으로 보면 여러 가지 사람들의 관계가 사랑이라는 감정으로 덧입혀질 수 있다는 거예요. 알겠죠? 뇌는 이렇게 잘 연결합니다. 제가 연구하고 있는 분야 중 하나가 무엇이냐면, 사랑을 나타내는 뇌 부위, 시상하부라는 부위에 여러가지 신경이 있는데 조사를 해봤어요. 여러분 다 스마트폰 가지고 계시잖아요. 스마트폰에 대한 '스마트폰 필리아'가 있으시잖아요. 요즘 저도 스마트폰에 중독이 되어서 자기 전까지 항상 몸에 지니고 다니는데 이런 물건에 대한 사랑, 이런 것은 어떻게 될까요? 이 실험은 무엇이냐면 뇌의 시상하부에 사랑과 관련된 부분을 자극하고 물건을 넣어준 거예요. 이 쥐는 뭔가를 찾고 있다가 탁구공을 넣어주니까 이러한 행동을 보이는데, 이게 정상적인 행동이 아닙니다. 쥐는 원래 이러면 안 돼요. 쥐가 왜 탁구공에 집착하겠어요. 하면 안 되겠죠. 그래도 이렇게 탁구공과 사랑에 빠지게 되었어요. 뇌에 이런 신경회로가 있고 이 신경회로가 자극이 되면 이렇게 물건에 대한 사랑도 유도할 수가 있다. 이런 거고요.

원— 제가 옛날에, 오스트리아에 있을 때 독일 텔레비전을 보았는데요, 거기에 지금은 무너져버린 세계무역센터와 사랑에 빠진 남자가 나왔어요.

김— 네.

원— 그래서 그 무역센터, 이만한 모형을 놔두고 그것을…

김— 그렇죠.

원— 정말 육체적으로도 사랑을, 어떻게 하는지 모르겠지만, 육체적으로도 사랑을 한다고 하더라고요. 그런데 이게 무너졌잖아요. 그래서 그때부터 심적인 고통을 너무 많이 겪는 거예요, 실제로. 제작진이 이 사람과 이야기를 하다가 그에게 새로운 애

· 탁구공과 사랑에 빠진 쥐 ·

인을 소개시켜주겠다고 하고 발전소로 데려가요. 거대한 발전
소를 돌아다니다가 이 사람이 발전소에 다시 마음이 생겨서 안
에 들어가서, 깊은 데 들어가보고 너무 좋아하고 그런 게 나오
거든요.

김— 그러니까 뇌가 굉장히 유연한 거죠. 그런 것들도 다 연결
하고 감정을 덧입힐 수 있는데 그게 조절이 안 된 케이스, 병리
학적인 케이스가 되겠네요. 이게 여러 가지 물건을 넣어주니까
쥐가 그것에 굉장히 집착을 보이고 애착을 보이는 행동을 하게
되는데, 이런 것들을 활용하면 우리가 동물을 마음대로 움직일
수 있겠다, 그래서 실제로 한번 해봤어요. 물건을 달아서 해봤

더니 쥐가 이렇게, 정상적인 쥐가 아니죠, 사람이 가자는 대로 따라가게 되면 정상적인 생쥐가 안 되겠죠. 이렇게 물건에 대한 집착을 활용해서 동물을 조절하는 연구를 할 수 있겠죠.

원― 물건에 종류와 상관없이, 물건을 주는 상황에서 시상하부에 자극을 주면 그 물건에 애착이 가는 건가요?

김― 그렇죠. 그런 겁니다. 물론 시상하부의 모든 신경은 아니고 일부 신경인데, 일부 신경이 물건에 대한 애착을 조절합니다. 근데 그런 물건에 대한 애착이 아까 선생님이 얘기하신 것처럼 굉장히 다양한 동물에서 나타납니다. 실제로 가을이 되면 먹을 것을 많이 축적해놓고 모으는 행동도 있고, 사람 중에서도 버리지 못하는 경우 있잖아요. 수집증. 물건에 집착하는. 현대 미술의 거장인 앤디 워홀에게 실제로 이러한 편집증이, 물건을 버리지 못하는 병이 있었다고 해요. 그것은 뇌에 물건에 집착하게 하는 신경회로가 존재한다는 방증이기도 합니다.

원― 그럼 신경학의 관점에서는 저런 물체에 대한 애정이나 사람에 대한, 이성에 대한 또는 동성에 대한 애정은 근본적으로

앤디 워홀　앤디 워홀Andy Warhol은 미국의 미술가이자, 출력물 제작자, 영화 제작자였다. 시각주의 예술 운동의 선구자로, 팝 아트로 잘 알려진 인물이다. 산업 일러스트로 성공적인 경력을 쌓은 후에 화가, 아방가르드 영화 제작자, 레코드 프로듀서, 작가로서 세계적으로 유명해졌다.

차이가 없는 건가요?

김 ─ 나에게 쾌감을 주는 대상에 애착이나 집착을 느끼는 것이 있고요. 꼭 그렇지 않아도 뇌는 대상에 대해 긍정적인 정서를 가질 수 있다고 봅니다. 다만 성적인 반응의 수준을 넘어선, 보편적 감정으로서의 사랑이 무엇이냐에 대해서는 잘 모르고 있습니다. 보통 공포나 두려움같이 부정적인 정서에 대한 연구는 많은데 사랑, 행복, 웃음 같은 긍정적인 정서에 대한 연구는 매우 미진합니다. 제가 매우 존경하는 야크 판크세프Jaak Panksepp라는 박사님이 계신데, 이 박사님은 이런 긍정적인 감정을 만들어내는 회로가 있다고 주장하세요. 그 증거로 쥐의 뇌에도 웃음을 만들어내는 회로가 있다는 실험도 하셨고요. 다만 자연계에서 관찰된 현상을 통해 어떤 가치를 도출하게 되면 <u>자연주의적인 오류</u>에 빠질 수 있으니 주의해야겠죠.

원 ─ 사람의 뇌에 있는 웃음회로 연구는 어떤가요? 감정 없이

자연주의적 오류 사실에서 가치나 당위(윤리적 명령 등)를 이끌어낼 수 없다는 입장이다. 예를 들어 "남자가 여자보다 힘이 세기 때문에 여자는 남자의 보호를 받아야 한다"라는 주장을 살펴보자. 일반적으로 "남자가 여자보다 힘이 세다"라는 문장이 참일 수 있다. 하지만 그 문장이 참이라고 해서 "여자는 남자의 보호를 받아야 한다"라는 주장이 윤리적으로 옳게 되는 것은 아니다. 자연주의적 오류를 채택하는 입장은 많은 윤리적·법적 주장이 저런 형식의 오류에 기반을 두고 있다고 지적한다.

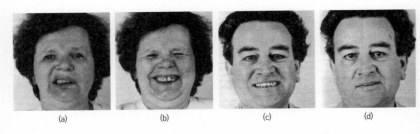

• 진짜 웃음과 가짜 웃음. 의식적인 가짜 웃음인 (a)와 (d)에는 어색함이 남아 있다 •

억지로 웃을 수도 있잖아요?

뒤셴 드불로뉴Duchenne de Boulogne라는 프랑스 과학자가 계세요. 뒤셴 박사님이라고 하죠? 이분이 실제로 사람 얼굴 근육으로 작업도 해보고 웃음을 연구하셔서, 진짜 웃음을 만들어내는 근육과 가짜 웃음을 만들어 내는 근육이 다르다는 것을 발견했습니다. 대협골근zygomatic major muscle은 주로 입가에 있는 근육이고, 안와근orbicularis muscle은 눈 근처에 있는 근육이에요. 그래서 우리가 웃을 때는 입도 웃고, 눈도 웃게 되죠. 그런데 연구를 해보니까, 뇌에서 이 두 가지 근육을 움직이는 메커니즘이 다르다는 것을 발견하십니다. 신기한 게 뭐냐면 좌뇌나 우뇌에 손상이 와서 좌측 근육을 못 쓰시는 분들이 계세요. 이분들에게 "억지로 웃어보세요" 하면 우측 얼굴만 웃게 됩니다(그림 (a)와 (d)). 한쪽은 웃으시는 데, 다른 쪽은 못 웃고 계시죠. 그리고 이분(그림(d))은 좌뇌가 손상되서 우측을 다 못 쓰시고, 좌측 얼굴만 웃고 계시잖아요. 만일 이분에게 웃긴 농담을 들려주면 어떻게 될까요? 이렇게 활짝 웃어요(그림 (c)). 즉, 우리가 의도적으로 웃을 수도 있고, 어떤 사랑이나 좋은 느낌의 회로가 있어서 우리에게 진짜 웃음을 선사한다는 것입니다. 그래서 신경생물학적으로는 우리가 웃어서 행복한 것이 아니고, 행복하니까 웃는 거예요. 억지로 웃으면 진정으로 웃을 수가 없어요. 그래서 이렇게 두 가지 회로가 있다는 것이고, 이것은 가상의 회로이기 때문에 사람들이 연구를 많이 해야 되는데, 워낙 어렵다 보니까 연구하시는 분들이 많지 않아요. 제 연구 주제 중에 하나라서 이런 것들을 찾아나가고 있습니다.

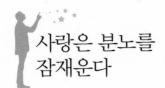

사랑은 분노를
잠재운다

김— 끝으로 사랑의 신경생물학적 의미는 무엇인가 살펴보겠습니다. 최근에 밝혀진 사실 가운데 흥미로운 것이 분노를 조절할 수 있다는 것입니다. 우리 뇌를 다른 말로 표현하면 분노의 물탱크예요. 여러분이 여기 점잖게 앉아 계시지만 꼭지만 틀면 언제든지 분노할 준비가 되어 있습니다. 여러분 운전하시다 보면 스스로 놀라시잖아요. '내가 언제 이런 욕을', 이렇게. 우리 뇌에는 세로토닌이라는 신경전달 물질이 있는데, 세로토닌은 시

> **세로토닌** 세로토닌serotonin(5-Hydroxytryptamine5-HT)은 모노아민 신경전달 물질 가운데 하나이다. 생화학적으로 트립토판에서 유도되는 세로토닌은 인간과 동물의 위장관과 혈소판, 중추신경계에 주로 존재한다. 행복감을 느끼게 해주는 분자로, 호르몬이 아니지만 행복 호르몬happiness hormone이라고 불리기도 한다.

상하부에서 아르기닌 바소프레신Arginine Vasopressin이라는 호르몬을 통해서 항상 분노 준비 상태를 만들어놓습니다. 아마도 한 100년 전에는 주변에 항상 사자나 호랑이가 있는 위험한 상황이었으니 이런 게 효과적이었겠죠. 언제든지 내가 공격적으로 반응할 필요가 있었을 테니까요. 이러한 분노신경 회로는 현대 사회의 폭력이나 소위 '묻지 마 범죄'의 증가와 밀접한 관계가 있습니다. 최근 사회적인 분노에 관한 동물실험이 실행되었습니다. 카푸친 몽키Capuchin Monkey라는 종이 있는데, 얘가 그런 불평등에 분노로 반응하는 게 최근에 밝혀졌어요. 원숭이가 돌을 주면 사육사는 오이를 주는 거예요. 오이를 주면 맛있으니까 잘 먹습니다. 그런데 옆에 있는 친구 원숭이가 돌을 주면 사육사가 오이보다 맛있는 포도로 바꿔서 줘요. 얘가 그걸 봤어요. 어? 쟤는 포도네? 그리고 그다음에도 이 아이가 돌을 주면 사육사는 오이를 주는 거예요. 그러면 오이를 집어 던지면서 사육사에게 화를 냅니다. 왜 차별을 하느냐는 것이죠.

원― 진짜 화난 것 같아요.

김― 맛있는 걸 먹다가 갑자기 분노 모드로 바뀌게 되는 거죠.

원― 사람하고 똑같네요.

김― 그렇죠. 오이를 먹어도 어차피 얘는 손해 볼 게 없잖아요. 옆에 친구가 이렇게 포도를 먹는 걸 보는 순간 이게 뭔가 불공평하다고 느끼고 분노 모드로 바뀌게 되는 거예요.

원─ 소위 상대적 박탈감이라는 거잖아요.

김─ 네. 행복과 분노가 이렇게 종이 한 장 차이라는 거고요. 개도 그렇습니다. 개도 먹을 것을 주는데 똑같이 주지 않고 한쪽에 맛있는 걸 주면, 아예 안 먹습니다. 신경과학자들이 많이 연구를 했죠. 옛날에 사회문제도 되고 했기 때문에. 미국에서 에가스 모니스Egas Moniz라는 박사가 개발한 전두엽 절제술이라는 방법이 있어요. 이게 간단합니다. 몇 분 안 걸려요. 눈 밑으로 꼬챙이를 넣어서 전두엽에 살짝 상처를 내면, 폭력성 넘치고 난리 피우던 사람이 굉장히 온순해지는 거예요. 착해지는 거죠. 1945년부터 1950년까지 2만 명이 이 시술을 받습니다. 정신병원이라든지 이런 데서 장려했기 때문에. 그래서 이게 천사의 시술이라고 1949년에 노벨상을 받게 돼요. 근데 나중에 보니까 착하게 만든 게 아니라, 어떤 판단 능력도 없이 사람을 좀비같이 만들어놓은 거죠. 그래서 나중에 노벨상이 취소됩니다.

원─ 그렇게 옛날 얘기도 아닌데요. 그때만 해도 우리가 생각하는 방식이…

김─ 그런데 이게 시사해주는 바가 뭐냐 하면, 어떤 인간 사회든지 사회적인 분노 같은 것이 있을 때 분노 자체를 없애려고 하는 것은 뇌를 망치는 길이라는 것이죠. 아까 그 판크세프란 박사님 같은 분들은, 다른 방법도 있다, 행복회로를 자극하면 분노를 잠재울 수 있지 않을까 하는 가설을 제시합니다. 예를 들어 분노와 사랑의 관계를 잘 묘사한 〈향수〉라는 영화가 있죠. 영화 하이라이트 장면에 주인공이 살인죄로 잡히고, 많은 사람이 주인공을 비난하고 분노에 차서 죽이라고 얘기하는데, 그 순간에 향수를 쫙 뿌려서 뇌의 사랑회로를 활성화시키니까 사람들이 사랑을 하면서 분노가 잠재워졌지요. 실제 실험에서도 유사한 보고가 있습니다. 미국 스탠퍼드대학의 데이비드 앤더슨David J. Anderson 박사 연구팀이 밝힌 건데 희한하게 시상하부에 있는 분노나 공격성을 일으키는 세포와 사랑을 만들어내는 세포가 이웃이라는 거예요. 바짝 붙어 있다는 겁니다. 그래서 이분이 미국에서도 굉장히 유명한 '하워드 휴즈 그랜트Howard Hughes grant'를 받은 박사님이에요. 하워드 휴즈Howard Hughes라고 하면 코브라 헬기, 하워드 휴즈 헬기를 만들어서 돈을 많이 버신 분인데, 그분이 그렇게 번 돈을 생명과학 연구에, 생명을 살리는 연구에 투자를 하셨습니다.

〈향수〉 〈향수: 어느 살인자 이야기Perfume: The Story of a Murderer〉는 동명의 소설을 영화화해서 2006년에 개봉한 작품이다. 이 영화는 18세기 프랑스를 배경으로 하는데, 주인공인 '장바티스트 그르누이'는 태어나자마자 생선 시장에 버려진 천재적인 후각의 소유자이다. 어느 날 그는 파리에서 운명적으로 '여인'의 매혹적인 향기에 끌리게 된다. 향기를 소유하고 싶은 욕망에 사로잡힌 그는 여인들을 살해함으로써 향기를 영원히 소유하려 하고, 향수 제조사 '주세페 발디니'의 후계자로 들어가 여인의 향기를 간직한 향수 제작에 몰두한다.

앤더슨 박사님이 어떤 연구를 하셨냐 하면 시상하부에 세포들을 자극해본 건데, 굉장히 재미있는 현상을 관찰했어요. 이 사람이 측정recording을 한 게 분노신경입니다. 수컷 쥐는 다른 수컷이, 모르는 수컷이 들어오면 화를 내기 시작해요. 분노를 일으키기 시작하는데, 지금 들리는 소리가 분노신경 세포가 만들어낸 신호를 소리로 변환한 것입니다. "딱~딱~딱" 하고 낮은 빈도의 소리를 내죠. 여기에다 다른 침입자를 넣어줍니다. 침입자를 넣어줬더니 "따다다다닥" 하고 아주 높은 빈도의 소리가 들리지 않습니까? 이것은 분노신경 세포의 신호가 침입자에 의해 증가되었음을 보여줍니다. 그리고 똑같은 조건인데, 이번에는 이 쥐가 잘 아는 암컷 생쥐를 넣었어요. 여자 친구를 넣어줍니다. 아예 소리가 안 나죠. 분노신경 세포가 사랑 세포에 의해 아주 잠잠해졌다는 거예요. 이때 분노신경 세포를 과학자들이 인위적으로 자극해줍니다. 여자 친구가 있어서 분위기를 잘 잡고 있는데, 그 순간에 우리가 광유전학이라는 방법으로 분노신경 세포를 자극한 거예요. 밸브를 열어준 거죠. 정상 상태에서는 여자 친구가 있으니까 좋아하고 전혀 반응이 없다가, 공격 세포를 자극했더니 이제 공격하기 시작하는 거예요. 갑자기 부부싸움이 시작되는 거죠. 이렇게 사랑과 폭력은 동전의 양면입니다. 사랑과 분노는 동시에 존재할 수가 없어요. 내가 누군가를 사랑하기 때문에 때렸다는 건 신경과학적으로 말이 안 되는 이유입니다.

원 – 그 순간에는 사랑이 확 뒤집어진 건가요?

김 – 그렇죠. 그 순간에는 분명히 분노신경이, 사랑이 억제되고 분노신경이 활성화된 겁니다.

원 – 우리가 그런 핑계를 대거나 스스로 그런 식으로 생각하면 안 되겠네요.

김 – 그렇죠. 신경과학적으로는 '사랑의 매'라는 것도 가능하지 않은 거죠. '분노의 매'인 거죠. 선생님이 마음을 바꾸셔야 돼요. 제자를 사랑하는 마음을 떠올리면서. 그런데 이 분노신경이라는 게 참 무서운 거예요. 대상을 가리지 않습니다. 아까 보면 뇌는 뭐든지 덧입힐 수가 있다고 말했잖아요. 이건 실험실에서 흔히 쓰는 고무장갑이에요. 그리고 고무장갑이니까 시큰둥하죠. 이때 분노신경을 자극하게 되면 쥐가 고무장갑이랑 싸우게 됩니다. 불이 꺼지면 또 안 싸우고. 이렇게 되는 거죠. 또 불을 켜면 고무장갑이랑 싸우고, 공격하고 싸우게 되는 거죠. 여러분 화날 때 물건 부숴보신 적 있으시죠? 아닌가요? 하여튼 그런 것들이 다 같이 나타납니다. 그래서 사랑과 공격성은 서로 이렇게 억제관계에 있다는 것입니다.

성경에 보면 예수께서 '원수를 사랑하라'라고 얘기를 하셨는데 어려운 말씀입니다. '아이 참, 원수 뭐 무시하고 그냥 살면 되지'라고 생각할 수도 있죠. 그런데 원수가 계속 생각나고 생각날 때마다 분노가 치밀어 오르지요. 예수의 처방은 그걸 억제하기 위해서는, 사랑하는 방법밖에 없다는 것이고요. 이 말씀이 신경과학적으로도 설명이 된다는 겁니다. 예를 들어 학교폭력을 예방하는 방법으로 폭력 자체를 제어하려고 하는 많은 규칙과 제도가 있습니다. 학교폭력을 예방하기 위해서는, 우리가 학생들에게 사랑의 기술을 가르치고 경쟁보다는 서로 좋은 감정을 가질 수 있는 환경을 만들어주는 것이 더욱 효과적인 처방이라고 생각합니다. 에히리 프롬의 또 다른 책으로 『사랑의 기술』이라고 있는데, 제가 그 책을 『소유냐 존재냐』보다 먼저 읽었으면 연애를 많이 했을 텐데요. 그 책의 중요한 주제는 사랑은 기술로서 누구나 발전시킬 수 있다는 겁니다. 자녀들에게 경쟁하는 방법 말고 서로 사랑하는 방법을 가르쳐줘야 되는 게 아닌가 생각합니다. 사랑하는 방법을 배우고 서로 우정을 쌓기 위해서는 같이 좋은 경험을 해야 돼요. 서로 도와주는 경험이 있어야 되는데 우리 학교 현장에 그런 게 많이 없어서 참 안타깝습니다.

원 ─ 사랑이 분노를 억제한다는 것이 분명해 보입니다. 그렇다면 사랑이라는 감정 자체로는 어떤 기능이 있을까요?

김 ─ 네. 대표적으로 사랑은 사회적인 교감을 활성화시킵니다. 어떤 아줌마가 남자 배우와 여자 배우가 나오는 드라마 장면을 봐요. 거기서 남자 배우가 여자 배우 등 위에다가 손을 얹는데,

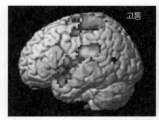 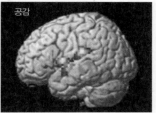

· 뇌는 사랑하는 사람의 고통을 함께 느끼려 한다 ·

이상하게 그걸 관찰하고 있는 아주머니도 등에 따스함을 느끼는 거죠. 이게 교감이에요. 뇌의 매트릭스 속에서 자신이 여주인공이 된 셈이죠. 실제로 시청자의 뇌 사진을 찍어보면, 정말 등에 해당하는 뇌 부위가 자극된 것처럼 보입니다. 이게 거울신경이라는 건데요, 사회적인 교감으로 활성화되었을 때 더 느껴집니다.

원- 실제로 사랑하는 사람들 사이에서는 어떤가요?

김- 《사이언스》에 사랑하는 사람들의 뇌 사진 결과도 보고된 적이 있습니다. 실제로 사랑하는 두 사람의 뇌 사진을 찍어본 거예요. 왼쪽이 아픈 사람의 뇌이고 오른쪽이 그를 사랑하는 배우자의 뇌입니다. 아픈 사람은 실제로 몸이 아프니까 체감각 피질이 활성화되어 있고요. 전두엽에서 활성화된 부분이 마음이 아픈 상태라는 것을 보여줍니다. 아프면 몸도 마음도 아프다고 하죠. 그런데 아픈 환자를 사랑하는 사람이 봤을 때는 전두엽만 활성화되어 있습니다. 몸은 아프지 않아도 마음이 같이 아

• 궁지에 몰린 친구를 구해주는 쥐들 •

픈 것입니다. 마음이 아플 때 교감하는 뇌 부위를 전측대상피질 anterior cingulate cortex이라고 합니다.

그리고 이건 최근에 중국 동물원에서 발견·관찰된 건데, 언론에도 보도된 바가 있죠. 보통 동물원에서 뱀의 먹이로 쥐를 줍니다. 그런데 이 친구 쥐가 자기 친구를 구출하기 위해 뱀을 물고 공격하는 장면이 관찰이 되어서 그 사육사가 이 두 마리를 다 식사 리스트에서 빼서 구제해줬다는 얘기가 있습니다(왼쪽 사진). 최근에 페기 메이슨Peggy Mason 박사님이 쓰신 논문에서는 친구를 구해주는 신경회로가 있다는 걸 밝혔어요. 이게 실제 그 실험 과정인데, 이 친구가 갇혀 있죠(오른쪽 사진). 갇혀 있는데 갇혀 있는 친구를 어떻게 하는지 한번 보세요. 되게 안타까워하죠? 이걸 보면서 안타까워하고 결국에는 이 문을 여는 것을 배워서 문을 열어줍니다. 탈출시키는 거예요. 그래서 탈출을 언제 시키나 봤더니 전혀 모르는 쥐는 안 구해줍니다. 그런데 자기가 알던 친한 쥐 같은 경우에는 빨리 구해주는 것을 알 수가 있어요. 그러니까 우리 뇌에는 서로 도와주고 사랑하고 자기가 위험함에도 도움을 주는 그런 회로가 있어요.

이건 저희 은사님이 하신 실험인데 전측대상피질, 그 교감하는 부위를 실제로 자극을 해보거나 그런 활성화를 측정해봤어요. 실제로 정상 생쥐에서는 친한 생쥐를 보면, 친한 생쥐가 고통받는 걸 보면 교감하는 반응이 나타납니다. 친구가 고통받는 걸 보면 같이 공포를 느끼고요. 그 감정을 공유하는 거죠. 그래서 공포반응이 굉장히 증가되는 건데 전측대상피질을 억제해봤어요. 억제했더니 공포반응이 안 나타나요. 교감이 안 되는 거죠. 그리고 이런 교감이 나타나는 현상을 보니까 남남 생쥐보다는 부부 생쥐, 친구 생쥐가 훨씬 더 교감이 잘되는 것을 알 수가 있습니다. 사회적 관계, 서로 끈끈한 줄로 연결된 생물학적인 의의는 나하고 연결된 사람들의 모든 경험을 내 것으로 만들 수 있다는 거예요.

요새는 컴퓨터나 SNS로 정보를 수집한다고 하지만 저 같은 경우에는, 아, 저 같은 경우가 아니라 아무튼 따뜻한 감정을 가진 분들은 그런 애착의 관계를 통해서 정보를 수집하고 있는 거죠. 이미 SNS는 존재했던 거예요. 신경학적으로 그런 거고요. 이 전측대상피질에서 사회적 교감을 만들어내는 신경은 갈등을 해소하는 일도 합니다. 우리 뇌에서 일어나는 교감은 사회적인 관계를 맺을 뿐 아니라 우리 뇌에 있는 많은 갈등을 해소하는, 또한 거기에 에너지를 쏟게 하는 역할을 합니다. 그래서 결론적으로 말씀드리면, 사랑회로라고 했을 때 '어떤 생물학자들은 원초적인 것만 연구하나 보다'라고 생각하셨을 텐데 그게 아닙니다. 이러한 연구는 번식이나 생물학적인 기능을 넘어서, 폭력을 억제하거나 교감을 통해서 간접경험을 하며 어떤 관계의 갈등을 해소하는 단서가 될 수도 있습니다. 나아가서 학교폭력이나 우울증 같은 많은 현상의 원인을 제거할 수는 없지만, 사랑과 관련된 메커니즘을 활성화시킴으로써 우리가 이런 문제를 해결하는 데 중요한 단서를 얻을 수도 있고요.

원— 결국 '세상 모든 문제의 해법은 사랑이다'라는 걸 과학적으로 증명하시는 그림이 아닌가 생각합니다. 굉장히 많은 질문이 가능할 것 같죠? 앞에 나온 얘기들, 사랑 얘기, 뇌 얘기, 짝짓기 얘기 같은 거? 그래서 늘 하던 대로 뒤에 질문지가 준비되어 있고요. 거기에 질문을 쓰시면 질문지를 가지고 질의응답을 시작하겠습니다.

집중력과
동기부여

원 ─ "집중력, 끈기, 인내심 부족은 뇌의 기능 저하에서 오나
요? 아니면 사랑 부족에서 오나요? 만일 사랑 부족이라면 사랑
을 많이 주면 집중력, 끈기, 인내심이 높아지나요?"

김 ─ 아, 정말 어려운 질문인데 저는 이 질문에 공감해요. 왜냐
하면 제가 집중력이 많이 없었어요. 어렸을 때 수업 시간에 첫
10분은 집중이 되는데, 그다음부터는 "첫 번째" 하시면 딴 생각
을 시작해서 나중에 보면 세 번째, 네 번째로 넘어가고 계신 거
예요. 그래서 제가 고민을 굉장히 많이 했죠. 또 제가 약간 충
동적인 것도 있었어요. 갑자기 내 친구가 옆에서 코피를 흘리고
있으면 제가 때린 거예요.

원 ─ 아니, 친구를?

김 ─ 친구가 왜 그런가 봤더니 제가 때린 거였어요.

원─ 기억을 못 하세요, 그걸?

김─ 순간적으로, 충동적으로 나간 거죠. 분노가.

원─ 욱하는 성질이 장난이 아니신…

김─ 그래서 어렸을 때 되게 고민이었어요. 나는 왜 이렇게 공격적일까? 집중을 못 할까? 그게 고민이었었는데 그게 장점이 될 수도 있다고 생각합니다. 아까도 말씀드렸다시피 뇌는 변하거든요. 뇌가 변하기 때문에 저도 여기까지 오는 데 얼마나 맞았겠어요. 그런데 이게 어느 정도 되면 장점도 될 수 있더라고요. 철학은 모르겠는데 과학에서는 상상력이 중요하고 그다음에 그런 에너지가 엄청 중요하잖아요. 그런데 집중을 못 한다는 게 사실은 집중력이 없다는 게 아니고 집중하는 시간이 짧은 거예요. 굉장히 여러 군데 집중을 하는 거죠. 물론 심각하면 병원 상담을 받아야겠지만 이분은 그건 아니실 것 같아요. 그래서 그런 걸 너무 없애려고 하지 마시고, 잘 승화시키시면 되지 않을까? 이게 참 어렵네요. 저는 동물들이 저한테 상담하면 잘 대답할 수가 있는데 심리 상담을 하시면 제 전공이 아니기 때문에…

원─ 네. 지금 말씀하신 걸 가리키는 'ADHD'라는 말이 있죠. 거기에 대해서도 지금 그게 정말 병이다 아니다, 이런 논쟁도 있는 걸로 알고 있거든요? 그런데 우리가 어디까지 이런 걸 질환으로 받아들여야 하고 치료해야 될 것으로 봐야 할지, 아니면 자연스러운 것인데 일상에서 해결할 수 있는 쪽으로 생각해야 하는지 헷갈릴 때가 있어요.

김— 그 메커니즘은 모르지만 저희 생명과학과에 ADHD나 사회성 질환을 연구하시는 교수님도 계세요. 저도 논문을 같이 쓰고 했는데, 생물학 메커니즘이 다 밝혀지기 전에도 어느 정도 합의는 필요할 것 같아요. 남자의 뇌라는 게 100년 전하고 지금하고 별로 변한 게 없거든요. 그 100년 전에 뇌라는 게, 나가서 짐승들 때려잡고 먹을 거 잡아야 되잖아요. 여기저기 돌아다니면서, 그리고 위험한 순간에는 뛰어나가서 싸움도 해야 하고 사랑도 해야 하는 뇌거든요. 그래서 그게 현대적인 기준으로 보면 ADHD가 될 수도 있겠죠. 어떤 스펙트럼에서 봤을 때 우리가 어디까지를 질병으로 봐야 되느냐는 건데, 사실 현재 이런 경쟁적 사회 구조에서는 많은 학생이, 제 아들이나 저를 비롯해서 많은 사람이 ADHD로 판정될 것 같아요. 저는 그게 치료의 대상은 아닌 것 같고, 아까도 말씀드렸다시피 장점을 살릴 수 있는 통로가 있다면 더 이상 질병이 아니지 않을까 생각해요.

ADHD 주의력 결핍 과잉 행동 증후군. 줄여서 ADHDAttention Deficit Hyperactivity Disorder는 주의가 산만하고 활동량이 많으며, 충동성과 학습 장애를 보이는 정신적 증후군이다. 소아기에 발병해 청소년기까지 지속되는 것으로 알려졌지만, 최근 연구에 따르면 성인기까지 지속되는 경우도 많다. 조기에 발견하면 성인기까지 증상이 지속되는 것을 막을 가능성이 높아진다.

원— 그러니까요. 제가 사실 이 주제랑 관련된 일을 조금 했어요. SBS에서 〈사랑중독〉이라는 다큐멘터리를 만들었고 2014년 봄에 과천과학관에서 사랑의 과학을 가지고 과학토크쇼를 만들어서 했습니다. 그러면서 어쩔 수 없이, 본의 아니게 관련된 걸 보면 꼭 사랑 이야기뿐 아니라 ADHD도 그렇고 우울증도 그걸 질환이라고 보는 게 굉장히 선진적인 시각이라고 해야 할까? 한때 굉장히 유행을 했는데, 최근에는 정말 우울증이라는 것이 아주 심한 경우는 물론 예외겠습니다만, 우울증은 약을 먹게 되니까 약으로 그냥 눌러버리는 게 맞는 일인가라는 생각이 들더라고요. 그리고 어떤 학자에 따르면 우울증도 질환이라기보다는 그냥 불행한 거다 그래서, 그걸 약을 먹어서 해결하는 게 아니고 불행요소를 제거하지 못하면 의사들이 그걸 이용한다고도 말하고요. 한때 그런 이야기도 있었죠.

김— 제가 그것에 대해서 말씀을 드릴게요. 저는 행동학을 하니까 행동학에서 가장 중요한 주제가 뭐냐면 과연 행동의 동기가 뭐냐, '동기motivation'를 찾아가는 거예요. 그래서 카이스트에도 제 동료 교수님이 계신데, 제가 성함은 밝히지 않을게요. 그분은 공부도 열심히 하시고 화려한 스펙을 가지신 분이에요. S대를 졸업하셔서 MIT, 하버드, 미디어 랩, 이렇게 공부하신 분인데, 왜 이렇게 열심히 공부를 했나 봤더니 중요한 동기가 있던 거예요. 중학교 때까지는 그렇게 공부를 잘하시는 분이 아니었는데 그 학교에 굉장히 예쁜 선생님이 계셨나 봐요. 마음속으로 굉장히 좋아했는데 그 선생님이 어느 날 공부 잘하는 학생은 예뻐하고 자기한테 상처 주는 말을 한 거예요. "너는 왜." "쟤 좀 봐라." "쟤같이 좀 해봐라." 그렇게. 그래서 그다음부터 공부하기 시작하셔서 그렇게 된 케이스죠. 그거 말고도 어떤 결정적인 동기가 있어요. 어차피 사람은 다양합니다. 우리가 학생의 성향을 바꿀 순 없어요. 그렇지만 현재 다양한 사람에게 동기부여가 될 수 있는 기회가 너무 적지 않나라는 생각은 해요. 모든 학생이 수업에 앉아서 100점 맞는 게 동기가 될 수는 없거든요. 예를 들면 야외활동을 하다가 친구를 도와주면서 칭찬을 받은 게 동기가 될 수 있고, 예쁜 선생님한테 칭찬을 받은 게 동기가 될 수도 있고요. 다양한 과정을 통해서 학생들이 자신의 인생을 끌고 갈 수 있는 동기를 발견하게 하는 게 중요한 과제가 아닌가, 그렇게 생각합니다.

원 저도 비슷한 생각을 하는 게요, 한 사십 넘어가니까 옛날엔 제 단점을 누르고 다른 사람이 되려고 했던 시기가 있던 것 같아요. 그런데 사십 넘어가면서 느낀 건, 아 사람은 단점을 없애기보다는 자기가 가진 장점을 잘 살리는 쪽으로 살아야 맞다는 생각이 살짝 들더라고요. 물론 그게 쉬운 얘긴 아니겠죠.

이건 굉장히 비슷하게 연결되는 질문이네요. 초등학교 2학년 여자 아이, 손녀라고 하시는데, 손녀가 주의력결핍증, 다소의 불안감, 우울감 동반이라는 소아정신신경과 임상병리사의 소견을 받았다고 합니다. 그에 대한 처방으로 도파민, 엔도르핀 두 신경전달 물질을 활성화하기 위한 약물을 1~2년간 받으셨다는 얘기죠? 복용 권고를 받아서 고민하는 중이라고 하시는데요, 그러니까 약물을 먹어서 ADHD, 우울증을 가라앉히겠다는 얘기 같은데.

김 ― 제가 볼 때 그건 전적으로 의사 분의 전문적인 의견에 맡겨야 되는 문제라고 생각합니다. 맡겨야 되는 거고, 저희 행동학적으로 보면 일단 과학이라는 것은 공통분모를 연구하는 것이

도파민 도파민dopamine(C8H11NO2)은 카테콜아민 계열의 유기 화합물로, 다양한 동물의 중추신경계에서 발견되는 호르몬이나 신경 전달 물질이다. 도파민은 심장 박동수와 혈압을 증가시키는 효과를 나타내기 때문에 교감신경계에 작용하는 정맥주사 약물로서 사용할 수 있다. 도파민의 분비가 줄어들거나 재흡수되어 부족하면 우울증을 일으키는 경우가 대부분이며, 우울증이 만성화되면 정신분열증schizophrenia 증상이 같이 나타나기도 한다. 또한 도파민을 생성하는 신경세포가 손상되면 운동장애를 일으켜 파킨슨병Parkinson's disease을 유발한다.

엔도르핀 엔도르핀endorphin, endogeneous morphine은 내인성 모르핀이라는 뜻으로, 뇌와 뇌하수체에서 생성되는 아편유사제들을 일컫는 용어이다. 엔도르핀은 고통 전달, 호흡, 운동, 뇌하수체 호르몬 분비, 감정에 관련된 뇌의 영역에서 높은 농도로 발견된다. 스트레스를 많이 받을수록 혈액과 뇌의 엔도르핀 농도가 높아지고, 동시에 고통을 느끼는 임계점도 상승한다는 실험 결과가 있다.

거든요? 여러 사람 뇌의 공통분모를 연구하는데, 뇌 연구의 하이라이트는 모든 사람은 다르다는 거예요. 실제로 우리 인생을 봐도 알 수 있는 뇌의 가장 큰 장점은 굉장히 달라질 수 있고 변화될 수 있다는 거죠. 이런 변화들을 긍정적으로 이끌어 나갈 수 있을까, 그래서 우리가 볼 때는 이상할 수도 있지만 그런 뇌에도 기회를 주고 이 사회가 기다려주고 결국에는 자신의 장점을 살릴 수 있을 때까지 우리가 인내하고 자극을 주고 자극도 받을 수 있을까라는 생각을 합니다. 이런 분위기가 매우 중요할 것 같아요.

원 – 네. 제 주변에 심리상담사들이 꽤 있는데요, 전공을 그쪽으로 한 사람도 있고요. 제 생각에는, 물론 나름대로 이유가 있었기 때문에 그런 처방을 주셨겠지만 정신과 쪽에도 두 부류가 있잖습니까? 의사들이 있고, 상담을 하는 사람은 심리학자인 경우도 있고요. 제 친구 같은 경우에는 사회복지가 전공입니다. 그런데 그쪽으로 갔더라고요. 상담하는 쪽도 한번 만나보시고 판단하시면 어떨까.

김 – 제 경험으로 말씀드리면 저도 아까 그런 성격이 있었다고 했잖아요. 그랬을 때 초등학교 6학년, 중학교 때까지 거의 한번도 숙제를 해 간 적이 없어요. 그때 제 스트레스가 뭐였냐 하면 학교에 와보면 숙제가 있던 거예요. 그래서 제 전략은 아픈 거였어요. 실제로 아팠어요. 그래서 저는 양호실에 가 있으면 숙제 검사가 넘어갔는데, 알고 보니 그걸 다 알고 계셨더라고요. 저희 어머니도 알고 계시면서 아무 말도 안 하셨어요. 저 같은 경우에는 동물을 키우고 사회적으로 교감을 하는 게 좋다고 봅니다. 물론 사람 대 사람으로 교감하는 것이 좋지만 동물의 역할이 굉장히 컸던 것 같아요. 그래서 학교폭력 같은 부분에서 그런 결핍을 갖고 있고, 실제로 남을 공격하는 성향이 있는 학생이 동물을 키우고 나서 보호할 줄도 알고 서로 교감하면서 나아지는 경우도 있거든요. 제가 볼 때는 동물을 많이 키우셨으면 좋겠어요. 저도 나중에 애견샵 할 거거든요.

뇌과학의 관점에서 자유의지는 존재할까?

원─ 다음 질문으로 넘어가겠습니다. "우리의 뇌 기능 중에서 이성이 하는 역할은 매우 적다고 들었습니다. 즉, 무의식에서 모든 것을 결정하면 이성은 나중에 나름대로 해석만 한다고, 맞든 안 맞든 해석만 한다고 하는데요. 이성적으로 생각하는 것이 자유의지라고 했을 때 이 말에 따르면 자유의지는 전혀 없다고 할 수 있을 것 같은데 뇌과학자로서 어떠한 견해를 가지고 계십니까?"

김─ 상당히 유명한 질문이죠. 자유의지가 있느냐 없느냐. 그래서 실험적으로 연구도 많이 하는데 몇 가지 유명한 실험이 있습니다. 우리가 어떤 판단을 할 때 뇌에서 나오는 신호를 측정하면서, 판단하고 결정했으면 손가락을 올리라고 얘기합니다. 손가락을 올리기 전에 뇌에서 항상 어떤 신호가 나오고, 그래서 우리가 결정하기 전에 뇌에서 어떤 신호가 나온다면 우리가 결정한다는 게 무슨 의미가 있느냐는 거예요. 그게 정말 우리가 판단한 거냐, 아니면 우리가 결정한 걸 착각한 거냐? 그런 실험이 있어요. 그래서 자유의지를 부정하는 경우도 많이 있고요. 또 다른 실험으로 이런 것도 있어요. 우리가 좌뇌 운동피질Motor Cortex을 자극하면 손이 올라갑니다. 여기를 자극하면서 "오른손을 올리세요"라고 하면 오른손을 올리죠. 그리고 "왼손을 올리세요"라고 하면서 다른 곳을 자극하면 왼손을 올려요. 자, 이번에는 "오른손을 올리세요"라고 말해요. 그때 오른쪽 뇌를 자극해서 왼손을 올리게 합니다. 우뇌를 자극했으니까 왼손이 따라 올라갈 거 아닙니까. 그러고 나서 물어봐요. 아니 오른손을 올리라고 했는데 왜 왼손을 올리셨습니까? 실험한 사람은 알죠. 우뇌를 자극했으니까. 그런데 실험을 받은 사람이 뭐라고 대답을 하냐면, "제가 생각을 바꿨어요"라고 얘기를 해요. 자기가 한 게 아니라 실험하는 사람이 조작한 건데도 자기가 그렇게 했다고 말하는 거예요. 그래서 자유의지라는 게 허구적인 개념이 아니냐. 신경과학 쪽에 그런 얘기가 많이 있습니다.

그런데 여러분 착각에 빠지면 안 되는 게, 그게 어떤 인과관계를 설명한 것이 아닙니다. 그러니까 만약에 자유의지보다 선행하는 무의식적인 기제가 있다면 그 가설이 맞는 거죠. 이걸 복잡하게 말씀드리기는 어려운데, 저는 뇌과학에서 결정되지 않은 문제들은 결정되지 않은 걸로, 모르는 것은 모르는 것대로 놔뒀으면 좋겠어요. 그래야지 더 풍성한 논의가 되는 거고요. 일부 논의를 보면 저는 이런 느낌이 들어요. 미래에 어떤 사람들이 음악을 연구하다가 피아노를 발견했어요. 그래서 피아노 음이나 이런 걸 잘 연구해보니, 예를 들면 베토벤의 〈월광〉 소나타하고 연관이 있단 말이에요. 그래서 뭐라고 결론을 내리냐면 이 피아노가 〈월광〉 소나타를 작곡했을 거라고 결론을 내려요. 그리고 피아노로도 충분히 〈월광〉 소나타 소리가 나올 수 있으니까 다른 작곡가는 필요가 없다고 주장을 한단 말이에요.

원ㅡ 그럴 수 있겠네요.

김ㅡ 그런데 사실 이건 모르는 거거든요. 그래서 저희도 학생들을 가르칠 때, 과학적인 주장은 결론이 있어야 되기 때문에 결론을 내리지만 우리는 그걸 따라갈 필요가 없다고 말합니다. 자유의지도 그렇습니다. 현상으로서의 자유의지는 인정을 하고요. 어떤 분들은 자유의지는 없는 것 같다, 그렇지만 그 자유의지를 막을 수 있는 권리는 우리에게 있는 것 같다, 이렇게 얘기하는 경우도 있고 굉장히 복잡한 문제입니다.

원ㅡ 관련은 별로 없는 얘기입니다만, 제가 옛날에 성격이 좀 예민한 데가 있었어요. 아까 언급했던 사회복지 전공한 심리학 쪽 하는 친구가 저하고 같이 컸거든요. 어릴 때부터. 초등학교 3학년부터 친구인데 지금까지 친구예요. 그런데 얘가 늘 하는 얘기가, 대부분의 사람이 기분 나쁘면 주위에서 그 사람을 기분 나쁘게 하는 요인을 찾는대요. 사람이나 다른 사람의 행동으로. 그런데 열에 아홉은 그 사람 몸에서 찾는 게 맞다. 몸이 불편하든가, 위산이 과다하게 분비되고 있든가. 항상 그런 요인이 우선적으로 고려돼야 하는데, 사람들이 그런 생각을 못 하고 자꾸 주변에 트집을 잡는 거죠. 그런데 그 얘기를 듣고 나니까, 생각해보니 맞는 얘기다 싶으니까 마음이 편해지더라고요. 그래서 우리가 생각하는 어떤 원인과 내가 느끼는 결과, 이런 것이 우리가 생각하는 구조로 만들어지는 것만은 아닌 것 같고 해서 저는 도움을 많이 받았어요. 좀 다른 얘기긴 한데 생각이 나서 말씀을 드렸습니다.

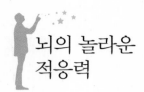

뇌의 놀라운
적응력

원 다음 질문 드리겠습니다. "저는 치과 의사인데, 틀니를 만들어서 환자분께 드리면 잘 쓰시는 분들도 있고 그렇지 못한 분들도 있습니다. 이러한 차이는 근신경계 합성 능력에 차이에서 온다고 생각하는데요. 문제는 실제로 써보기 전에는 적응 정도를 알 수 없다는 겁니다. 이를 먼저 탐지할 수 있는 방법이 없을까요? 뇌신경의 가소성을 측정하거나 평가하는 방법이 없을까요?"

김 굉장히 중요한 질문 같은데요. 그러니까 우리 뇌에는 우리 몸에 대한 정보들이 그려져 있습니다. 여러분이 몸을 느끼듯이 몸에 대한 정보가 뇌에 있는데, 틀니나 의족 같은 것들을 어느 순간에는 우리 몸의 일부로 인식되고, 그것이 발전되면 자연스럽게 느끼겠죠. 예를 들면 틀니도 나의 몸으로 느끼게 되는 게 대뇌피질의 가소성인데 대뇌피질에는 역시 그런 가소성이 굉장히 많습니다. 가소성 가운데 어렸을 때 주어져야만 하는 것들이 있고, 나중에 적응하는 측면들도 있습니다. 그러니까 틀니 같은 건, 예를 들면 우리가 계속 옷을 입는 것처럼 적응할 수 있는 부분으로 보이고요. 다만 적응이 안 되는 분들, 그런 분들을 우리가 미리 탐지할 수가 있다면 틀니에 적응하는 데까지 시간을 낭비하지 않고 미리 다른 방법들을 고안할 수 있을 것 같은데요.

원— 그렇겠네요.

김— 역시 사람 가지고는 실험이 어렵겠죠? 그럼 제가 쥐를 대상으로 한번⋯

원— 틀니를?

김— 쥐의 이빨을 틀니로 한 다음에 이걸 분석할 수도 있죠. 그런데 이건 굉장히 중요한 질문입니다. 실험동물이 필요한 이유 중에 하나이기도 하고요. 그리고 생쥐는 유전적인 성향도 평가할 수가 있습니다. 근친교배한inbred 생쥐라고 해서 유전자가 다른 생쥐들이 있어요. 각각 틀니를 껴보는 거죠. 그랬더니 어떤 생쥐는 죽어도 거기에 적응을 못하더라고요. 그러면 그 생쥐가 도대체 어떤 유전자적 성향이 있기에 틀니에 적응을 못 하는지 연구를 할 수가 있습니다. 또 한 가지는 실제로 대뇌피질에 전구를 꽂아서 가소성이 변화하는 것을 관찰할 수가 있어요. 인간에게는 상처를 주면 안 되니까 동물실험에서 메커니즘이 잘 밝혀진다면 좀 더 간단한 방법으로 확인할 수 있지 않을까 추측할 수도 있고요. 그리고 최근에 기기들이 발전해서, 뇌에 직접 전구를 삽입하지 않고도 뇌에 자극을 주고 뇌를 변화시키는 기술들이 발전하고 있습니다. 그래서 치매나 우울증 같은 질병에도 시도가 되고 있고요. 실제로 전류를 흘려서 뇌 회로를 바꿔 그런 기능들을 보완합니다. 그런데 어차피 가소성이라는 게 자극에 의한 거니까, 틀니도 틀니의 이빨에 해당하는 부위에 자극을 줘서 느끼는 메커니즘을 안다면 도움을 줄 수 있지 않을까 생각을 해봅니다.

원― 네. 치과의사협회에서 연구비를 대시면 연구가 될 수 있지 않을까 생각도 듭니다. 뭐 이런 게 한두 가지가 아니죠. 제가 지금 누진 다초점 렌즈 안경을 쓰고 있거든요? 노안이 와서. 옛날부터 안경을 쓰다 보니까 멀리는 보이는데, 이런 자리에서는 또 가까이에 있는 걸 읽어야 하잖아요. 이게 힘든 거예요. 그래서 매번 안경을 드는데 이러면 정말 노인네 같잖아요. 그래서 누진 다초점 렌즈를 맞추는데 안경사께서 그러셨어요. 이걸 절대 적응 못 하는 사람이 있대요. 몇 달을 쓰고는 결국에는 안 쓴답니다. 그분들은 이 도수가 다른 거. 위에 근시 렌즈가 있고 그 밑에 돋보기가 있으니까 여기에 절대 적응을 못 한다고 하더라고요. 그 경우도 이것과 비슷할까요?

김 — 그렇죠. 적응이라는 게 사실은 굉장히 중요한 부분 중에 하나죠. 우리가 자전거 타는 것도 적응이고, 여러 가지 스트레스로 차 있는 환경에서 운동을 하는 것도 적응이죠. 환경이 바뀌었을 때 거기에 맞추는 것도, 시차에 익숙해지는 것도 다 적응이라고 할 수 있습니다. 사람은 적응하는 능력이 굉장히 뛰어나고, 특히 우리 한국 분들이 뛰어난 것 같아요. 전 세계에서 열심히 적응을 해서 살고 계시지 않습니까? 그래서 적응 능력의 차이가 무엇인지 아는 게 굉장히 중요하고, 생물학에서 뇌를 연구하는 것도 결국에는 뇌가 어떻게 적응하는지 알아내는 거죠. 전에는 뇌의 신경이 어떤 생리physiology, 이온이나 농도나 혈당량이나 이런 것에 의해서 변하지 않을까라고 생각했는데, 최근에 분자생물학이 발전하고 아까 말씀드린 후성유전학이 발전하면서 보니까 뇌세포 하나하나가 적응하려고 엄청난 노력을 하는 거예요. 유전자의 구조를 바꿔가면서 실제로 환경이 바뀔 때마다 다이내믹하게. 뇌에 1,000조 개의 세포가 있다고 하는데, 그 세포들이 정말 능동적으로 변하려고 노력을 많이 한답니다. 그래서 여러분은 느끼지 못하실지 모르지만 우리 뇌는 적응하려고 굉장히 많이 노력하고 있다고 말씀을 드리고 싶습니다.

그리고 우리에게 나쁜 습관들이 있잖아요. 그런 것들이 후성유전학적인 방법으로 유전된다는 보고들도 나오기 시작했어요. 원래 우리의 행동은 획득형질인 경우 유전이 안 된다고 알려져 있잖아요. 그런데 최근 연구에 따르면 일부 행동은 유전이 가능합니다. 예를 들어 코카인 같은 마약이나 술은 유전자를 변형시키는데 우리 정자 세포의 DNA 구조도 바꿀 수가 있습니다. 그래서 그 변형된 구조가 자손에게도 전달될 수 있는 거죠. 이런 연구 주제를 후성유전학이라고 합니다.

원─ 이 후성유전학이 매우 중요한 주제 가운데 하나인데, 언젠가 이 자리에서 다룰 수 있으면 좋겠습니다. 옛날에 라마르크라는 사람이 획득형질이 유전된다고 주장했는데 그건 틀렸고 절대 그럴 수 없다고들 알고 있었죠. 그런데 그게 또 살짝 바뀌는…

김─ 예외가 있는.

원─ 예외가 있는 얘기들도 나오고 있거든요? 그건 흥미로운 얘기니까 나중에 다룰 수 있었으면 좋겠고요. 자꾸 얘기가 길어지긴 하지만, 제가 어제 나온 뉴스를 봤는데 중국에서 스물 몇 살

라마르크   장 바티스트 라마르크Jean-Baptiste Lamarck는 프랑스의 생물학자이다. 그는 용불용설과 획득형질 유전설의 제창자로 널리 알려져 있다. 무척추동물 분류학자, 고생물학의 창시자, 생물학의 초안자, 현대적 의미에서 '화석fossile'이라는 용어의 고안자, 진화론의 창시자이기도 하다. 생물학사에서 그가 남긴 가장 큰 족적은 무엇보다도 생리학이나 해부학 등 단편적 연구들로 이루어졌던 이전의 생명 연구를 독립된 분과 학문으로서 체계화하고, 여기에 '생물학'이라는 명칭을 부여했다는 점이다.

된 소뇌가 전혀 없는 여자가 정상적으로 살고 있다고 하더라고요. 이게 극단적인 과소성인 것 같다는 생각이 드는데 그런 경우도 가능한가요?

김— 그러니까 그게 뇌의 적응이죠. 원래 소뇌가 그렇게 중요하지 않다는 얘기가 아니고요. 소뇌가 없는 상태에서 어렸을 때부터 커왔기 때문에 거기에 적응한 거죠. 실제로 그 소녀는 피아노를 치거나 정교한 운동을 하진 못했다고 합니다. 뇌 검사를 통해서 그 원인을 알게 된 셈이죠. 뇌 손상을 입은 환자분들이 어떤 훈련이나 연습을 통해서 회복되시는 경우가 있잖아요. 그것을 '재활 치료Rehabilitation'라고 하는데, 다른 뇌 부위가 그 기능을 대체하게 하는 겁니다. 그러니까 뇌의 기능들이 굉장히 신비하고, 비슷한 경우가 많습니다. 미국에 유명한 여자 수학 교수인데, 알고 보니까 뇌의 용적이 매우 적어 대부분 비어 있는 것처럼 보인 경우도 있습니다. 그런 한계를 극복하고 노력해서 수학자가 된 것이죠.

원— 저도 그거 봤어요. 속이 거의 비어 있다고.

김— 거의 비어 있는데 수학을 굉장히 잘하시죠. 그런 걸 보면 뇌가 굉장히 유연하고 적응할 수가 있구나라고 생각할 수 있죠. 단, 그러니까 시간이 굉장히 오래 걸리죠.

뇌는 우리의 행동을 결정할까?

원─ 다음 질문입니다. "첫 번째, 생물 진화의 어느 단계에서 좌
뇌와 우뇌가 갈라지나요?"

김─ 아, 그것도 어려운 질문인데요. 일단 대뇌피질은 하등동
물에서는 굉장히 작습니다. 예를 들면 어류 같으면 코딱지같이
붙어 있어요. 파충류부터 대뇌피질의 면적이 커지고요. 이분은
좌뇌와 우뇌가 관심이 많으시네요.

원─ 그다음 질문도 같이 드릴까요? "사랑과 교감 과정에 좌뇌
와 우뇌의 동시 신호가 측정되나요?"

김─ 좌뇌, 우뇌 문제도 생물학에서 굉장히 논란이 있는 문제
중에 하나입니다. 여기서 노벨상도 나오고요. 좌뇌와 우뇌의
기능이 다르다고 하죠. 좌뇌는 주로 논리적이라고 하는데, 왜
냐하면 언어영역이 좌뇌에 있습니다. 그래서 좌뇌로 들어가는

정보는 언어영역이랑 교류가 더 활발하게 일어나는 것 같아요. 상대적으로 우뇌는 감정의 뇌라고 얘기하는데 사실은 저희가 측정해보면 좌뇌, 우뇌가 워낙에 상호작용이 세서 양쪽이 달라진다거나 하는 현상을 관찰하기가 어렵습니다. 그런데 좌뇌와 우뇌의 활성이 달라지는 경우가 있어요. 쥐가 우울해졌을 때인데요. 저희가 쥐를 우울하게 만드는 방법이 있습니다. 어떻게 우울하게 만드냐 하면 어떤 쥐를 힘센 쥐한테 10분 동안 얻어맞게 만들어요. 갑자기 들어갔는데 난데없이 누가 나를 막 때리는 거죠. 그러고는 유리벽 하나를 가로막아 놓고 하루 종일 나를 때린 쥐를 보게 하는 거예요. 생각해보세요. 24시간 동안 여러분이 미워하는 직장 상사를 유리벽을 사이에 두고 보게 되는 겁니다. 이걸 열흘을 하게 되면 쥐가 우울하게 됩니다. 움직이지 않고 설탕물도 싫어하게 되는데, 이때 쥐의 좌뇌와 우뇌를 측정해보면 좌뇌, 우뇌가 차이가 납니다. 좌뇌 활성은 억제가 되고 우뇌는 증가되는 형상이 나타나게 됩니다. 그래서 좌뇌, 우뇌가 분명히 다르다는 보고가 있는데, 주로 우뇌가 스트레스와 관련된 일을 하게 돼요. 여러분이 스트레스를 많이 받게 되면 우뇌 활성이 증가되고요. 반대로 좌뇌의 활성이 감소되는 보고도 있습니다. 그런데 그런 현상의 생물학적인 원인이나 진화된 과정에 대해서는 알려진 바가 별로 없어요.

원 ― 그러면 스트레스를 받은 경우에 이성적이고 논리적으로 생각하는 게 어려워지는 건가요?

김— 그런 거죠. 말하자면 우뇌가 왜 스트레스랑 관련되어 있냐면 스트레스 호르몬 양을 증가시키는 데 우측 전두엽이 관련되어 있다는 보고가 있어요. 그래서 생쥐의 우측 뇌를 파괴하면 스트레스를 안 받는 생쥐가 태어나요. 만약 여러분 스트레스를 안 받고 싶으면 우뇌를 파괴하시면 돼요.

원— 스트레스 외에 다른 것들도 많이 없어지지 않을까요?

김— 그렇죠.

원— 좋은 것도, 감정도 없어지고.

김— 감정도 없어지겠죠. 어쨌거나 좌뇌, 우뇌에 어떤 연결 관계가 다르다는 보고가 많이 있고 특히 질병에서 그런 게 많이 나타납니다. 건강하고 정상적인 뇌는 좌뇌, 우뇌가 활발하게 '의사소통communication'을 하면서 정보를 교환해야 하는 거죠.

원— 옛날에는 왜, 요즘도 하는지 모르겠지만 간질 치료를 위해서 뇌량을 잘라서 좌뇌와 우뇌의 의사소통을 못하게 하는 경우가 있었잖습니까? 그래서 좀 흥미로운 현상도 많이 일어났다고 하던데요.

김— 그렇죠. 예를 들면 좌뇌, 우뇌가 끊어지면 원래 여러분이 보고 있는 이 시각자극이, 사실은 반은 왼쪽으로 가고 반은 오른쪽으로 가거든요. 그리고 뇌량을 자르게 되면, 예를 들면 오른쪽 시각피질에 들어가는 신호 같은 경우에는 뇌가 뭘 보긴 봤는데 말로 표현을 못 하게 되는 거예요. 시각 정보로 사과가 들어왔는데, 그 정보는 분명히 '시각피질visual cortex'에 있습니다. 이 정보가 뇌량을 통해 언어영역으로 넘어가서 이건 사과라고 얘기를 해야 되는데, 이 사람은 사과를 본 사실은 분명히 있는데 말을 못 하는 거예요. 이게 사과라고. 나중에 사과 그림을 보여주고 이게 뭐냐고 하면 자기가 봤다고 그래요. 그런데 보여주면서 이게 뭐냐고 물으면 대답을 못 하는 경우도 많이 있고.

원― 참 뇌라는 게 재미있는 건 분명한 것 같아요. 여러 가지로.

김― 옆에서 보는 사람은 재밌겠죠. 그리고 어떤 분들은 우측 세상이 완전히 없어진 분들도 계세요. 그래서 시계를 보고 그리라고 그러면, 예를 들면 6시부터 12시까지 있는데 12시부터 6시까지는 없는 거죠. 이런 다양한 현상에 관해서 나온 책이 있습니다. 『아내를 모자로 착각한 남자』. 분명히 내 아내란 것도 알고 모자가 뭔지도 아는데 뇌 회로 연결이 이상하게 돼서 아내를 보면 자꾸만 쓰려고 하는 거죠. 모자인 줄 알고. 그런 케이스가 많이 있습니다. 그런데 그게 뭘 말하냐면, 뇌에 하드웨어가 있고 신경회로가 중요하기 때문에 그 회로가 잘못되면 정보에 이상이 온다는 거죠.

원― 다음 〈가타카〉라는 영화, 저도 아주 좋아하는 영화입니다. "〈가타카〉라는 영화가 인상 깊었는데 그 영화에서 태아에 대해 미리 여러 성향, 체격적 특성을 분석해서 판단을 하는 것을 봤습니다. 그다지 먼 미래의 일이 아닐 것도 같은데 개인적으로는 상당히 위험한 상황이 많이 생길 것 같습니다. 어떻게 생각하시는지요?"

김– 벌써 아이들의 미래를 점쳐주는 회사도 생겼죠.

원– 그게 게놈 지도가 완성되면서 가능해진 거죠?

김– 여러분 게놈 프로젝트가 거의 20년 이상 걸렸는데 지금은 여러분 유전자를 분석sequencing하는 데 채 몇 달이 안 걸립니다. 한 달이면 되고요. 그래서 앞으로는 어떤 회사에 입사할 때 유전 정보도 같이 내는 시대가 올 수도 있어요. 그런데 걱정 안 하셔도 되는 게 과학이 그만큼 따라가질 못해서 그 유전적인 정보들을 일일이 알지 못합니다. 그런 것들이 철학적으로 말하자면 유전적 결정요인인데요. 어떤 유전학적인 결정론은 이미 굉장히 많은 사회적 부작용을 낳아 인류 역사에 남았습니다.

예를 들면 우생학 같은 경우, 취지만 보면 사회를 좋게 만들어보려고 하는 시도잖아요. 그런데 이게 전제부터 잘못된 거죠. 우리 유전자와 뇌는 유전적인 동시에 환경적입니다. 그래서 유전자라는 게 환경에 민감하게 반응하는 거거든요. 그럼 과

〈가타카〉 〈가타카Gattaca〉는 1997년에 개봉된 SF 영화이다. 유전자 조작으로 태어난 사람들이 사회 상층부를 이루는 반면, 전통적인 부부관계에서 태어난 사람들은 열등한 인종으로 취급받아 사회 하층부로 밀려나는 디스토피아적인 미래를 배경으로 한다.

연 그 모든 유전자 정보와 어떤 환경의 상호작용 결과를 우리가 예측할 수 있느냐? 지금은 우리가 예측을 못 하거든요. 예측을 못 하는 상태에서 어떤 유전자를 통해서 인성을 미리 판단하는 건 아직 정말 먼 얘기인 것 같고요.

지금 유전자 검사를 하면 일부 유전적인 질병들에 관해서는 알죠. 그 단일 유전자에 대해서는. 그런데 이걸 아는 게 왜 힘든가 하면, 하나의 성질이라는 게 하나의 유전자에서 결정되는 것이 아니라 많은 유전자의 조합에 의해서 결정됩니다. 그러니까 우리가 가지고 있는 유전자가 3만 개밖에 안 돼요. 원래는 수백만 개 되는 줄 알았어요. 왜냐하면 우리가 가지고 있는 기능이 너무 다양하잖아요. 성격이나 이런 것들이. 그러려면 적어도 유전자가 수십만 개는 있어야 될 줄 알았는데 보니까 3만 개밖에 없어요. 그건 뭘 말하는 거냐면 개별 유전자 하나하나만

우생학   우생학eugenics은 종의 개량을 목적으로 인간의 선발 육종을 찬성하는 학문이다. 인류를 유전학적으로 개량하려는 목적에서 여러 가지 조건과 인자 등을 연구하는 학문으로, 1883년 영국의 프랜시스 골턴 Francis Galton이 처음으로 창시했는데, 열악한 유전 소질을 가진 인구의 증가를 방지하는 것이 목적이다. 우생학자들은 가난이 열성 인자에서 나오며, 이들의 무능력은 유전적인 것이기 때문에 개선될 수 없고, 따라서 거세와 같은 우생학의 방법만이 이를 해결할 수 있다고 가정한다. 이러한 가정에서 초래되는 문제는 교육과 같은 사회적인 요소를 무시하고 사람들의 사회적 조건을 모두 유전의 결과로 돌린다는 것이다.

가지고는 우리가 판단하기 어렵다는 거죠. 유전자의 조합을 생각해야 되는데, 그 조합은 DNA 수준에서 일어나는 게 아니라 단백질 수준에서 일어나고, 단백질들은 어떤 환경과의 상호작용에서 굉장히 복잡하게 형성됩니다. 그렇기 때문에 우리가 그걸 예측하기는 거의 불가능하고, 그런 걸 예측하려는 것 자체가 굉장히 성숙하지 못한 생각이라고 봅니다.

원— 말씀을 들어보니까 우생학이나 이런 계열의 생각, 그런 류의 생각이 비윤리적일 뿐 아니라 비과학적일 수도 있다는 느낌이 들거든요.

김— 그렇죠.

원— 게다가 환경까지 섞여 있고.

김— 그리고 무엇보다도 그게 약간 도덕주의적인 오류라고 할까요? 우수한 유전자라는 것은 사회적인 기준에서 어떤 사회적인 편견으로 재단한 것이기 때문에 우생학이 그런 오류를 범하게 되는 거죠. 항상 가치의 문제와 자연현상의 문제, 그리고 과학적인 사실을 잘 구분해야죠. 물론 상호작용이 있긴 합니다. 그렇지만 그걸 잘 구별하는 게 굉장히 중요하고, 우리나라도 그동안 시행착오를 워낙 많이 했기 때문에 앞으로는 그런 시행착오가 줄지 않을까 생각합니다.

원— 가치에 대한 말이 나와서 말인데 왜 『이기적 유전자』 보신 분들은 그런 생각 많이 하잖아요. 우리는 유전자가 생존하기 위한 껍데기일 뿐이다. 그렇게 해석을 많이 하시는데 제가 옛날에 읽은 책에 이런 얘기가 있었어요. 광고판이 있습니다. 그러니까 전구를 천 개 만 개 써서 엄청 큰 광고판을 뉴욕 같은 곳에 세우잖아요. 그런데 전구 하나하나를 보면 그냥 전구예요. 전구일 뿐이거든요. 전기가 들어오면 켜지고 아니면 꺼지고. 그런데 이게 만들어져서 큰, 예를 들어 코카콜라 광고판이 되는 거죠. 그러면 우리가 그걸 보고 "저것은 전구일 뿐이다"라고 얘기하는 게 맞느냐. 그건 코카콜라 광고라는 의미를 형성하고 있고 그 의미는 분명히 존재하거든요. 현실에서 우리는 그걸 보고 코카콜라를 사든 욕을 하든 여러 가지 반응을 하는데, 그 현상이 존재하고 우리 삶에 영향을 미쳤을 때 그것들을 그냥 전구 하나하나로 환원할 수는 없는 거죠. 아까 이기적 유전자나 여러 가지 다양한 상황에서 빠질 수 있는 오류를 피해나갈 수 있는 예로 저는 이걸 연상하거든요.

『이기적 유전자』 『이기적 유전자The Selfish Gene』는 진화생물학자 리처드 도킨스Richard Dawkins가 쓴 책이다. 이 책에서 도킨스는 자연선택의 단위는 유전자이고, 생물의 다양한 성질은 그 성질에 영향을 주는 유전자의 생존이나 증식에 유리하도록 진화했다고 주장한다. 이러한 입장은 인간이 유전자 보존을 위해 맹목적으로 프로그램된 기계에 지나지 않는다는 견해로 알려져 논란을 일으켰지만, 도킨스는 개체인 인간이 자유의지와 문명을 통해 유전자의 독재를 충분히 이겨낼 수 있다고 보고 있다.

김 — 『이기적 유전자』는 굉장히 훌륭한 책이고요. 그래도 우리가 이기적이게 될 필요는 없는 거죠. 우리가 이타적이고 더 헌신적이 된다고 해도 그게 결국에는 유전자 전달에 도움이 될 수도 있겠지만 그건 어떤 집단적인 사회에서, 머나먼 시간 범위에서 봤을 때 결론을 내릴 수 있는 문제지 우리가 오늘 어떻게 살아야 되는가라는 가치문제를 말하는 건 아니라는 거죠.

느낌과 무의식,
네트워크에서 의식으로

원— 너무 재미있게 잘 들었습니다. "사랑은 인간만 하나요? 진화의 측면에서 볼 때 사랑 없이도 번식이 가능한데 사랑이 도입된 이유가 뭐라고 생각하시나요?"

김— 네. 감정이 발달된 동물이 있고 그렇지 않은 동물도 있습니다. 그래서 보통 감정이 어디서부터 생겼나, 누구부터 가지고 있나라고 묻는다면, 파충류부터 있습니다. 도마뱀, 양서류는 감정이나 두려움을 담당하는 뇌 부위가 없어요. 그 부위를 편도체라고 하는데, 그게 파충류부터 발달되어 있습니다. 여러

> 편도체   편도체Amygdala는 대뇌변연계에 존재하는 아몬드 모양의 뇌 부위이다. 감정을 조절하며, 공포를 학습하고 기억하는 중요한 역할을 한다. 편도체는 외측후삭핵, 피질핵, 기저핵, 외측핵, 중심핵, 내측핵 등으로 나뉜다.

분 동물실험이나 이런 거 할 때 개구리 해부하셨죠? 파충류나 이런 거 안 해보셨죠? 그런 이유가 다 있어요. 개구리는 실험을 해도 잘 못 느껴요. 그래서 여러분이 보시면 마취 깨서 막 돌아다니고 그런 경우가 있지 않습니까? 그러니까 개구리는 감정에 그렇게 민감하지가 않아요. 그래서 학생들의 학습 도구로 많이 사용되는 거죠. 파충류, 이구아나 이런 거부터는 우리가 실험 윤리를 잘 지켜야 됩니다. 여러 가지 감정이 있기 때문에. 감정이 왜 진화했고 우리가 왜 감정을 가지고 있는가라는 주제를 굉장히 많은 분이 연구하고 있는데, 아까도 제가 말씀드렸지만 감정은 굉장히 효율적입니다. 이건 좋다, 이건 나쁘다라는 감정 말이에요. 예를 들면 저한테는 물이 시원하고 좋은데 이 느낌은 그냥 감정으로 좋다고 느끼면 되는 거예요. 이건 이유가 없어요. 그냥 좋다고 생각하면 되는데 그걸 납득하기 위해서 물은 어떤 효능이 있고, 그걸 논리적으로 다 이해하고 기억하려면 시간이 많이 걸리잖아요. 그런데 감정이라는 건 그냥, '이건 좋다' 하면 되는 거예요. 그리고 특히 요즘 시대가 포스트모더니즘 시대다 보니까 '느낌'이 중요하잖아요. 어떻게 보면 거기에 굉장히 비이성적인 측면들도 있겠지만, 굉장히 효율적인 측면도 있는 거죠. 싫은 건 안 하고 좋은 건 하고 그런 게. 그것도 역시 가치문제로 연결시키면 안 됩니다. 그 자체의 효율성만을 얘기하는 거예요. 그래서 어느 순간에 내가 야생으로 나갔다고 생각해봅시다. 나갔는데 어느 순간에 어떤 느낌이 왔어요. 그 느낌에 따라서 행동하는 게 생존에 유리하다면 그 메커니즘은 계속 존속하겠죠, 그 유전자들은. 그래서 아마도 그런 느낌을 갖고 느낌에 따라 행동하는 것이, 과거에 우리가 생존하는 데 굉장히 유리하지 않았을까라고 생각하는 거죠.

원— 예술 쪽에 그런 게 좀 있는 것 같아요. 제가 원래 음악 하던 사람 아닙니까? 연주라는 게 연습할 때는 머리로 하지만, 실제로 연주할 때는 머리로 하면 안 되거든요? 감정 표현 같은 문제가 아니라, 머리로 생각해서는 이걸 따라갈 수가 없어요. 그러니까 그 순간에는 정말 감정에 맡겨야 돼요. 느낌을 따라야 되지, 아니면 무대에서 서 있다가 내려오게 됩니다. 오히려 공포에 질리게 되어서 머리로는 절대로 따라갈 수가 없기 때문에.

김— 그래서 그 에릭 캔들Eric Kandel 박사님이라고 노벨상 타신 분이 계세요. 지금 컬럼비아대학교에 계신 유명한 석학이신데 그분이 노벨상을 받으신 게, 어떻게 우리가 공간학습을, 정보들을 어떻게 유기적으로, 의식적으로 잘 연합을 하는가를 다룬 연구를 통해서예요. 이분이 지금 굉장히 나이가 많으신데, 최근에 내신 책에서 만약에 나에게 시간이 더 주어진다면 무의식의 세계를 연구해보고 싶다고 하셨습니다. 그래서 어떤 감정이나 느낌이나 이런 부분들이 대뇌피질이 아니라 대뇌피질 밑에서 하부피질 영역subcortical area이라고 해서 실제로 무의식에 해당하는 부분에서 많이 컨트롤됩니다. 실제로 의식과 무의식에 관해서 굉장히 심도 있게 연구하신 심리학자가 있지 않습니까? 누군지 아시죠?

원— 융Carl Jung인가요?

김— 융 말고 프로이트 말입니다. 사실 옛날에는 정교한 실험도 안 하셔서 많이 배척받으셨는데.

원— 문학이라고들 했죠.

김— 요즘 신경과학에서 프로이트가 다시 주목받고 있는 경향이 그런 것들입니다. 우리가 의식하지 않은 부분들, 우리 뇌가 하는 것들을 보면 한 90퍼센트 이상 무의식적으로 하는 것 같다.

카를 융　카를 융Carl Gustav Jung은 스위스의 정신의학자로 분석심리학의 개척자이다. 정신분석의 유효성을 인식하고 연상 실험을 창시해서 프로이트가 말하는 억압된 것을 입증하고, '콤플렉스'라고 이름 붙였다. 그는 인간의 내면에는 무의식의 층이 있다고 생각했고, 개체로 하여금 통일된 전체를 실현하게 하는 자기원형이 있다고 주장했다.

지그문트 프로이트　지그문트 프로이트Sigmund Freud는 오스트리아의 정신과 의사이자 정신분석학의 창시자이다. 프로이트는 무의식과 억압의 방어 기제에 대한 이론, 환자와 정신분석자의 대화를 통해 정신 병리를 치료하는 정신분석학적 임상 치료 방식을 창안한 것으로 유명하다. 그는 성욕을 인간 생활에서 주요한 동기 부여의 에너지로 새로이 정의했으며, 치료 관계에서 감정 전이의 이론을 수립하고, 꿈을 통해 무의식적 욕구를 관찰하는 등 치료 기법을 도입한 것으로 알려졌다. 뇌성마비를 연구한 초기 신경병 학자이기도 하다.

· 최근 신경과학에서 프로이트의 이론이 다시 주목받고 있다 ·

그런 것들이 앞으로 주된 연구대상이 될 것 같습니다.

원― 네. "뇌에서 의식의 메커니즘을 신경 간 네트워크라고 하는데요, 그러면 인간사회나 동식물 간의 네트워크도 의식을 만들어낼 수 있는 걸까요?" 집단지성 쪽 얘긴 것 같은데요. 그러니까 지구를 하나의 뇌라고 생각한다거나 더 나아가서 우주를 하나의 뇌라고 생각할 수 있을까요? 의식을 가지고 있는 뇌로.

김― 정보가 있느냐 하면 정보가 있죠. 헤라클레이토스Heraclitus라는 옛날 그리스 철학자가, 그분이 자기주도형 학습을 했어요. 스승이 없었거든요. 자기주도형 학습을 하신 분인데 그분은 항상 인상을 찡그리고 다니셨다고 해요. 왜 그분이 찡그리고 다니셨냐 하면, 이분 질문이 그거예요. 도대체 자연은 뭘까? 질문을 던졌는데 힘들잖아요. 힘들어서 맨날 인상을 쓰고 다니셨던 거예요. 그래서 눈물의 철학자라고 이름이 붙으셨는데, 이분이 결국에 고민에 고민을 해서 발견하신 몇 가지 대답이 있어요. 그게 뭐냐면, 첫 번째, 자연은 숨는 걸 좋아한다. 그래서 찾기가 너무 힘들다. 그래서 과학자들이, 아 과학이라는 것은 자연의 베일을 벗기는 거구나. 스트립쇼같이. 그래서 이렇게 환원주의적인 과학철학이 시작됐고, 두 번째 발견하신 게 뭐냐면, 보니까 무언가 원리가 있다. 자연에는 <u>로고스</u>라는 어떤 원리가 있다. 그래서 과학자들의 목표를 정해준 거죠. 이게 아무렇게나 되는 게 아니라 우주든 뭐든 이 자연계에는 어떤 원리가 있다고 주장을 하셨고, 세 번째는 뭐냐면 모든 것은 변한다. 예를 들면 같은 강물에 두 번 빠질 수 없다는 거죠. 이분의 철학인데 그래서 과학자들이 어떻게 변하는가를 연구해서, 뉴턴Isaac Newton은 물질이 움직이는 과정을 연구한 거고 다윈Charles Darwin은

<u>로고스</u>　로고스logos의 원래 뜻은 말, 이야기, 어구이다. 그리스 철학에서는 사물의 존재를 한정하는 보편적인 법칙, 행위가 따라야 할 준칙, 이 법칙과 준칙을 인식하고 따르는 분별과 이성理性을 뜻했다.

생물체가 변하는 과정을 연구한 거죠. 그리고 또 이분이 발견한 게 음양의 법칙, 그러니까 뭐든지 양극단이 있다고 해서 우리가 보면 큰 키가 있고 작은 키가 있고, 몸무게를 보면 무거운 게 있고 가벼운 게 있고, 빛도 밝은 게 있고 어두운 게 있다. 이런 네 가지를 얘기하셨는데 그분이 예시한 것처럼 자연과학의 철학에는 두 가지가 있어요. 하나는 원리가 있다는 거하고 하나는 원리가 없다는 불가지론이라는 게 있죠. 그런데 기본적으로 원인이 없다면 과학이 안 됩니다. 저희가 영업을 할 수가 없어요. 그래서 이미 말씀하신 것처럼 자연계에 많은 원리가 있고 생태학적인 원리는 동식물 간에도 적용되죠. 그것들이 동식물 간에 가능하고 우리가 먹는 음식이라는 게 결국 태양에서 오는 거 아닙니까. 태양에서 오는 에너지가 식물이나 음식을 만들고, 우리가 생활하며 순환하는 거고. 영감이 있으신 것 같아요.

원- 여기 나온 얘기 중에, 지구가 의식을 가질 수 있느냐라는 질문이 있는데, 이 얘기는 그런 이론이 있죠. 가이아이론이라고 제임스 러브록이라는 사람이 이야기한 이론입니다. 그런데 이걸 과학이라고 하기에는 좀 그렇고 SF에 소재로 등장하기도 하는데, 글쎄 과학적인 관점으로 접근하기에는 아직 좀 어렵지만 교수님이 얘기해주신 그런 식으로 생각을 하면 또…

김- 아직 뇌과학에서 밝혀지지 않은 부분이 뭐냐면, 우리가 느끼는 거, 시각회로 같은 건 어느 정도 밝혀졌습니다. 아직도 밝힐 부분이 많지만 운동회로 같은 건 다 밝혀졌어요. 우리가 정말 모르는 부분이 뭐냐면 '안다'라는 거예요. 아는 게 힘이라고 그러는데 정작 우리가 생물학적으로 '아는 게' 뭔지를 몰라요. 잘 봅시다. 우리가 어떤 물건을 만들었는데 이 물건이 스스로를 알아요. 그리고 여러분도 뭔가를 느끼는데 느끼는 것뿐 아니라 느낀다는 걸 알아요. 그 안다는 게 무엇인가가 굉장히 어려운 문제입니다. 우리가 어떤 회로를 구성을 하고 알고리즘을 느꼈을 때 그 회로가 스스로를 알까? 정말 신비한 현상인 거죠. 그래서 신경과학에서 제가 가장 궁금한 질문을 뽑는다면 그겁니다. 옛날에 《사이언스》인가 《네이처》에서, 자연계에서 가장 밝혀지지 않는 질문들 목록을 내보니까 첫 번째가 우주란 무엇인가고 세 번째가 의식이란 무엇인가예요. 그래서 우리가 안다는 게 무엇일지, 정말 우리가 안다는 게 무엇인지 알게 되면 저는

가이아이론 가이아이론Gaia hypothesis은 영국의 과학자 제임스 러브록이 주장한 가설이다. '가이아Gaia'란 고대 그리스인들이 대지의 여신을 부른 이름으로, 지구를 은유적으로 나타낸 말이다. 러브록은 이것에 착안해서 지구와 지구에 살고 있는 생물, 대기권, 대양, 토양까지를 포함하는 신성하고 지성적인, 능동적이고 살아 있는 지구를 가리키는 표현으로 '가이아'를 사용했다. 가이아 이론은 지구를 단순히 기체에 둘러싸인 암석덩이로 생명체를 지탱해주기만 하는 것이 아니라, 생물과 무생물이 상호작용하면서 스스로 진화하고 변화해나가는 하나의 생명체이자 유기체라고 강조한다.

정말 엄청난 변화가 올 것 같아요. 그러니까 우리는 스스로 아는 세탁기를 만들 수도 있는 거죠. 세탁기가 세탁을 하다가 '내가 보니 얘는 좀 더 해야 될 것 같아'라고 하다가, '내가 왜 세탁을 할까?'라고 하고, '난 오늘은 좀 쉬고 싶어' 그러면서 신호가 나오는 거죠. '난 오늘은 세탁하기 싫어' 이렇게. 아는 세탁기. 이런 게 나올 수도 있고. 그래서 안다는 게 굉장히 신비한 거고 누군가 이 안다는 게 뭔지, 그 메커니즘을 밝히게 되면 제가 볼 때는 노벨상을 받는 게 문제가 아니라 모든 사회가 완전히 바뀔 것 같아요.

원— 저도 옛날에 단편 SF 비슷한 걸 한 번 쓴 적이 있는데, 옛날에 한참 왜 퍼지니 뭐니 해서 인공지능 청소기 나올 때요. 청소기가 발전을 해서 얘가 청소를 하고 왔는데 지가 청소를 제대로 안 했다는 것을 아는 거예요. 그래서 충전을 하며 앉아서 후회를 하는데, 가서 다시 하긴 싫은 거라. 그래서 고민을 하는 얘기를 잠깐 썼던 적이 있는데.

김— 그렇죠. 그렇다고 그 청소기가 내가 청소만 하는 게 중요한 게 아니라 나하고 똑같은 청소기를 만들어야 되겠다. 그래서 청소기가 자기하고 똑같은 청소기를 만들어요. 그리고 그 청소기가 또 청소기를 만들고. 그렇게 계속 번식을 하는 거죠. 그렇게 되면 모든 스토리가 완성이 되겠죠.

원— 우리가 청소기의 권리를 어디까지 인정을 해줘야 될 거냐,

그런 문제도 생기고 청소기가 자유를 원하면서 우리에게 반기를 들 때 학살할 권리가 우리에게 있느냐 같은 얘기도 하고요.

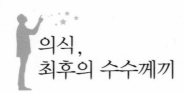

의식,
최후의 수수께끼

원— 자, 이제 다 끝났는데요. 하나 남은 질문으로 정리하면서 끝을 내고 싶은데, 의식은 왜 생겼을까요? 아시는 대로 얘기해 달라고 하십니다.

김— 아까 얘기했듯이 신경생물학에서 가장 어려운 문제고요. 의식은 결국에는 생존에 도움이 되죠. 우리가 무언가를 안다는 것은 굉장히 중요하고, 의식이라는 현상은 정말 넓고 우리가 상상을 할 수 없을 정도로 신비로운 것입니다. 제가 이걸 밝히면 노벨상을 받을 것 같아서 상상을 해봤는데 상상조차 안 되는 거예요. 도대체 어떤 알고리즘을 가지고 스스로 알게 될까요? 그래서 이게 굉장히 어려운 문제입니다. 제가 처음에 카이스트에 들어올 때, 이것도 전국 방송이 되나요? 사실은 의식을 연구하겠다고 제안하고 교수님들께 발표를 하고 들어왔는데 제가 좀 바꼈어요.

원― 혹시 이게 방송되면 불편해지시나요?

김― 그건 아니고요.

원― 그 교수님들이 기억하시고 너 그거 하자고 그랬는데 왜 안하고 있냐고?

김― 그래서 의식 자체는 제가 일단 접어뒀고요. 뇌가 다 연결이 되어 있다고 했잖아요. 그래서 낚싯줄같이 제가 이렇게 '대상object'에 집착하는 거라든지, 행동회로들에 관심 있어 하는 건, 그 회로를 쭉 따라가다 보면 의식을 만날 수 있지 않을까라는 막연한 희망을 가지고 있기 때문입니다. 그런데 이 의식에 대한 문제는 피에로 스카루피Piero Scaruffi라는 분이 이렇게 얘기를 했어요. 의식이 어렵다고 우리가 이해하려는 시도를 포기하면 안 된다. 우리 인간은 무엇인지, 사회적인 문화나 우리가 생각하는 모든 게 무엇인지가 의식이란 무엇인가에 달려 있다. 이게 해결되지 않으면 아무런 의미가 없다. 모든 학문이, 철학이고 뭐고 의미가 없다. 이런 거죠. 우리가 생각하고 있는 모든 게 실제로는 허구적인 개념일 수 있고, 의식이나 우리가 안다는 게 허구적인 개념일 수 있으니 그 본질을 알아야 되는 거죠. 어떤 도덕적인 판단이나 법률적인, 정치적인 모든 판단을 우리의 뇌가 하고 있잖아요. 그런데 뇌가 그걸 판단하는 논리적인 근거인 의식에 대해서는 우리가 모르고 있단 말이에요.

원— 네.

김— 그래서 저는 그것에 관해서 많은 연구가 필요하고 우리가 관심을 두어야 한다고 생각합니다. 단, 어떤 환원주의적인 시각으로 그런 연구를 계속 해왔는데 아직 이렇다 할 성과가 없어요. 그래서 저는 이렇습니다. 비록 신경과학이 영혼이라는 것은 존재하지 않고 의지나 자유의지 같은 게 존재하지 않는다고 말하지만, 어떤 신경의 작용이라는 전제가 틀렸다는 것이 아니라, 우리가 환원론 쪽으로 찾아가서는 의식에 대한 답을 얻기 힘들다는 거죠. 영혼이나 자유의지 같은 현상은 인식해야 한다. 그리고 우리 마음이나 감정이 이해하기 어려운 현상이라는 걸 인식하고, 거기에 접근할 수 있는 방법을 찾아가야 하지 않을까 겸손하게 생각합니다.

원— 뇌과학이 어떤 궁극일까요?

김— 네. 궁극이라고 생각합니다. 결국 우리가 아는 게 뭔지 안다는 것은, 결국 나 자신에 대한 거거든요. 여러분은 스스로를 알고 있잖아요. 스스로를 알고 있다고 생각하지만 사실은 안다는 게 뭔지 잘 모르거든요. 그러니까 굉장히 중요한 문제고 꼭 해결해야 되는 건데, 이게 어떻게 해결이 될까요? 저는 약간 비관적인 말씀을 드리면, 옛날에《네이처》에디터 분이 한 얘기를 들었는데, 이 대뇌피질이 굉장히 넓지 않습니까? 넓은데 어떤 칼럼(줄)이 있어요. 엄청나게 많은 칼럼이 있는데, 이 한 줄,

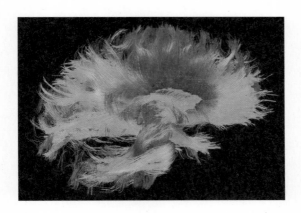

· 뇌의 연결망 영상 ·

이 한 줄, 신경세포 한 20개 정도 되는 연결. 이걸 연구하는 데
한 100년이 걸리면 우리가 이해를 하려나? 이 정도라고 해요.
우리가 가진 세포가 1,000조 개인데 20개 연결조합을 이해하는
데 100년이 걸린다고 하면 어떻게 되겠습니까?

원― 안 되겠네요.

김― 그래도 인류에는 항상 돌연변이나 천재들이 있었으니까 누
군가 나와서 그 문제를 해결해주지 않을까 기대를 해봅니다.

원― 네. 저도 굉장히 관심이 많은 주제라서 기대를 해봅니다.
어떻게 이 분야가 발전하는지. 마지막으로 해주실 말씀 있으신
가요?

김― 네. 하여튼 오늘 너무 즐거웠습니다. 여러분이 이렇게 바
라봐주시고 재밌어해주셔서, 마치 제가 어렸을 때 자장면을 주

시며 쥐 잘 잡았다고 칭찬해주시는 아줌마, 아저씨가 여기 다 앉아 계신 것 같아요. 짧은 지식이지만 제가 이렇게 여러분 앞에서 재롱을 부린 것 같고요. 여러분이 이런 문제를 고민하는 과학자가 있다, 그리고 이런 문제가 과학자들만의 문제가 아니고 우리 생활의 문제와 연결할 수가 있으며 우리 사회와 연관할 수가 있다라는 기대와 희망을 가지고 돌아가셨으면 좋겠습니다. 오늘 경청해주셔서 너무 감사드립니다.